凝煉知識品味閱讀

超圖解

# 高績效主管養成術

## 關鍵69堂課

戴國良 博士 著

高績效主管→上司滿意×下屬佩服×團隊獲利

五南圖書出版公司 印行

# 作者序言

## 一、撰寫緣起

經過多年的企業實務工作、閱讀商管雜誌文章及教學工作，作者深深感覺一個企業的成功，最高領導者及全體員工扮演極重要因素；但更為重要的是：企業各級主管、各部門主管及各廠主管的經營團隊強不強，是否認真用心。各級主管包括：從最基層的課長→副理→經理→協理→廠長、副總、總經理等。

而基層、中階、高階主管團隊若是優秀的話，必可使企業經營績效良好，更可長期永續經營。因此，這些各級主管的高績效養成術，就非常重要，這是本書《超圖解高績效主管養成術：關鍵69堂課》撰寫的緣起。

## 二、本書特色

本書有如下6大項特色：

（一）全台第一本：

本書是有關高績效主管養成術的第一本本土化商業書。

（二）想晉升主管必看一本書：

本書適合想晉升公司各級主管必看的一本書。

（三）公司內部教育訓練與讀書會教材：

本書適合公司內部各級主管教育訓練與讀書會小組的一本優良教材。

（四）從全方位角度看待高績效主管如何養成：

本書從69堂課的全方位角度來看待高績效主管究竟如何養成。

（五）確保公司經營成功的重要一本書：

本書是任何一家公司想要經營成功、永續經營的重要一本書。

（六）超圖解表達：

本書超圖解表達，易於閱讀及一目瞭然。

## 三、祝福與感謝

本書能順利出版，感謝五南出版公司各位主編們的辛苦，以及各位讀者們的支持與鼓勵，謝謝大家。祝福大家有一趟美好、順利、開心、成長、財富自由、健康的人生旅程。謝謝大家。祝福大家。

作者 戴國良

於台北

mail:taikuo@mail.shu.edu.tw

# 目錄

# 引言篇

# 引言

## 一、企業經營成功的總體架構

### （一）企業成功14大項祕訣

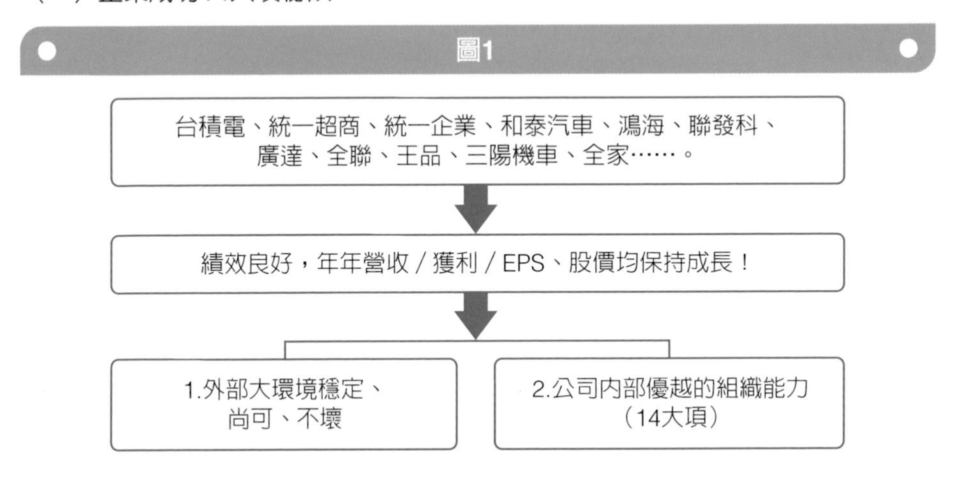


### （二）公司內部優越的組織能力圖示

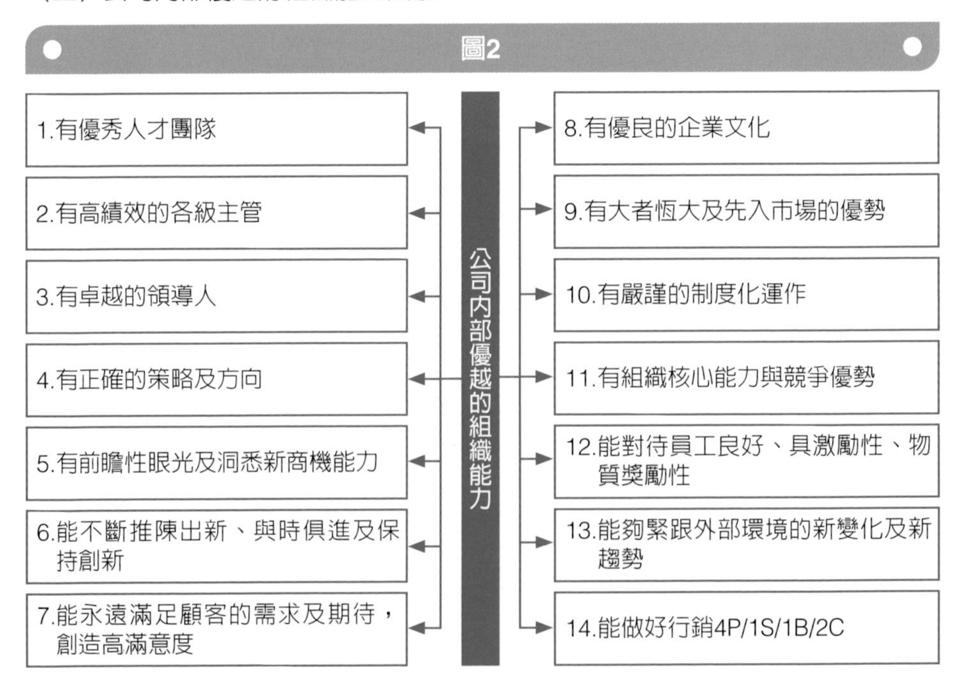

### （三）企業成功的3大人才因素

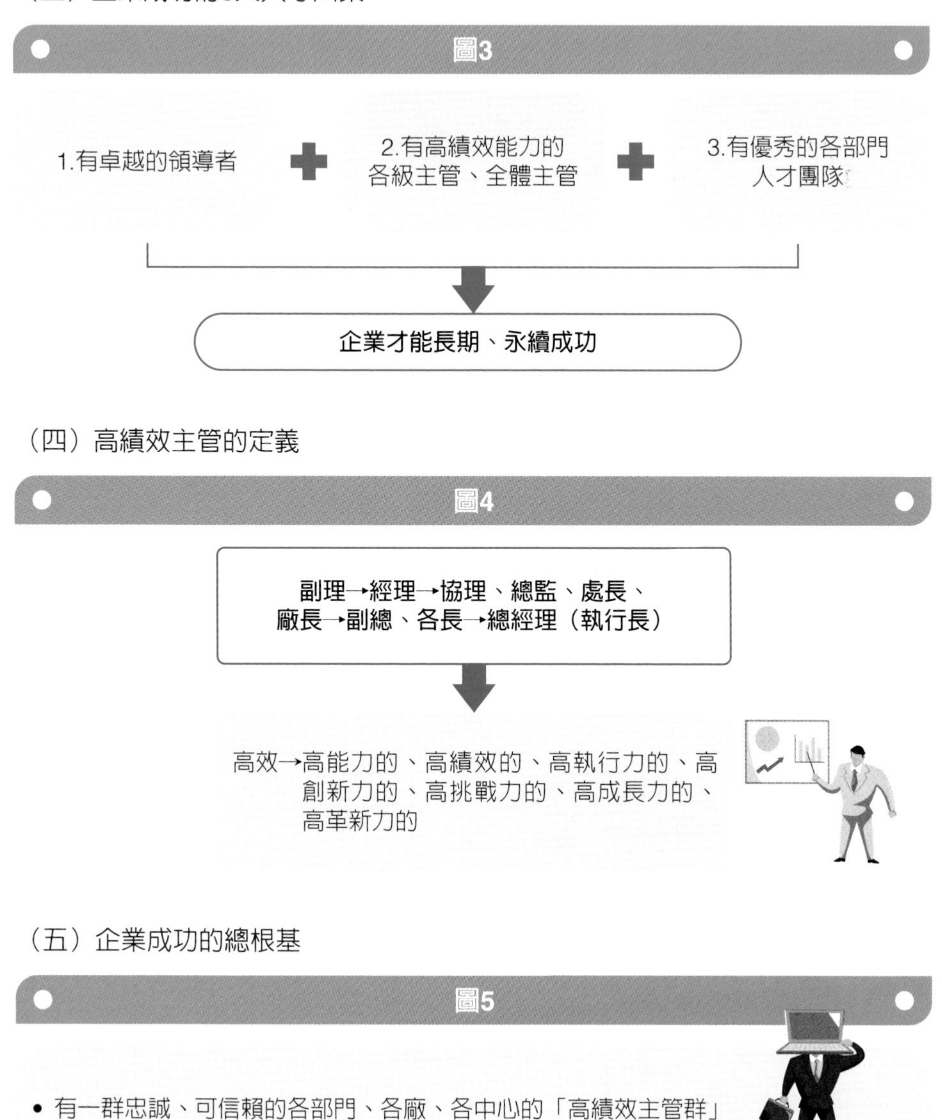


## 二、高績效主管的定義

公司各級主管是公司經營最重要的根基，因此，如何讓每位主管都能有高績效的能力與人品，是公司最需要重視的。因此，對高績效主管的定義，如下圖：

圖6　高績效主管的定義

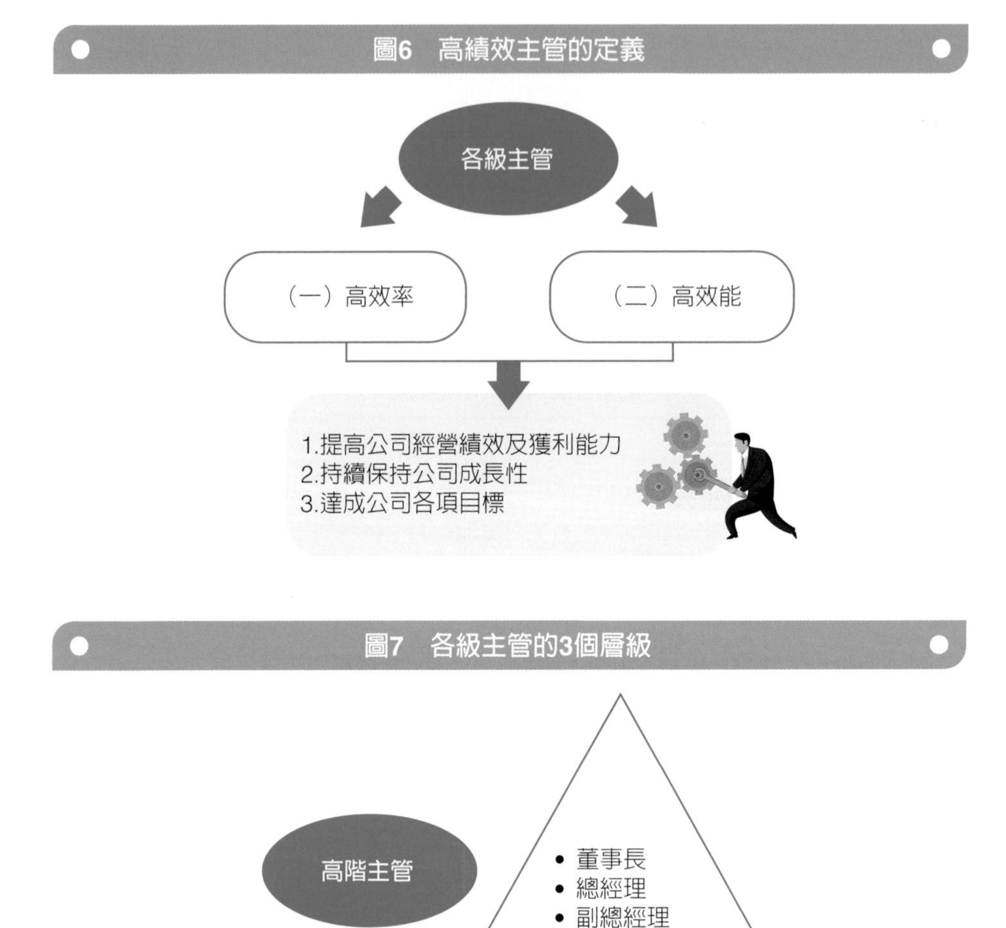


圖7　各級主管的3個層級

# 第一篇
# 高績效主管養成的內在因素篇

# 第1堂

# 高績效主管應具備的14項企業經營管理基礎知識

一　企業經營管理基礎知識14項

二　每項基礎知識概示

# 高績效主管應具備的14項企業經營管理基礎知識

## 一、企業經營管理基礎知識14項

任何一位要具備高效主管，他們應擁有下列14項企業經營管理的基礎知識：

圖1-1　14項企業經營管理基礎知識

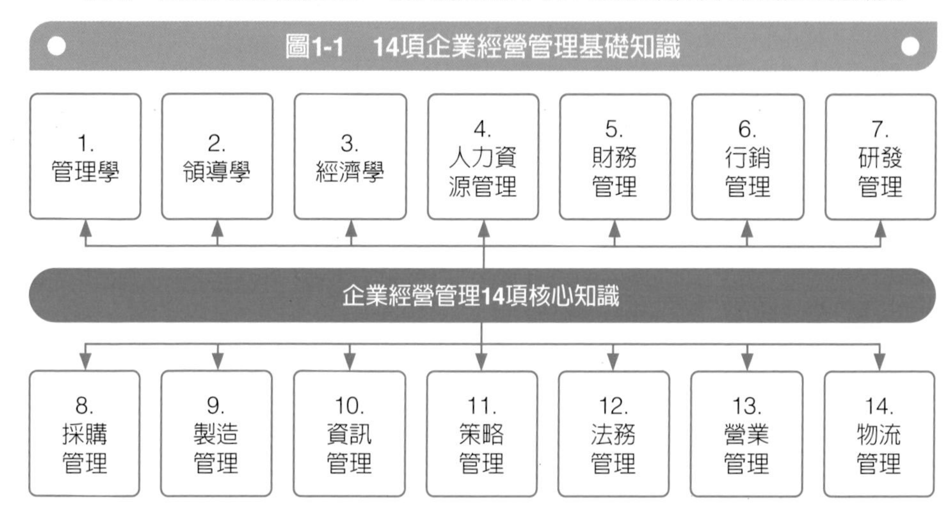


## 二、每項基礎知識概示

針對上述14項基礎知識的重點內容，如下圖示：

圖1-2　每項企管經營基礎知識概示

| | |
|---|---|
| 1.管理學 | • 針對企業的組織、計劃、領導、溝通協調、執行、考核、再行動、再調整，即P-D-C-A（Plan-Do-Check-Action）。 |
| 2.領導學 | • 針對企業內部組織、單位、人員等之有效的領導、激勵、獎勵、晉升、拔擢、指引、指揮、下決策、競爭分析、環境洞悉、前瞻未來、指出方向、訂定對的策略與戰略。 |
| 3.經濟學 | • 針對企業的經濟規模化、供需理論、利率變動、匯率變動、產業供應鏈、經濟景氣、產業成長率等。 |
| 4.人力資源管理 | • 針對公司內部組織、各部門、各廠、各中心的招人、用人、培訓人、考核人、留住人、晉升人、輪調人、歷練人等工作。 |

| | |
|---|---|
| **5.財務管理** | • 針對企業營運所須資金募集、現金管理、財務報表、股務事宜、股東大會、預算管理、BU利潤中心制度、資本支出、股利政策、財務績效等事宜之管理。 |
| **6.行銷管理** | • 針對企業行銷組合活動的4P/1S/1B/2C（Product：產品力，Price：定價力，Place：通路上架力，Promotion：廣告宣傳力；Service：服務力；Branding品牌力；CRM：會員經營力，CSR企業社會責任力等工作之推展。 |
| **7.策略管理** | • 針對企業現在及未來營運發展之策略規劃、短／中／長期戰略制定、併購、10年布局計劃、新事業開拓、深耕既有事業、多角化事業集團拓展等之工作。 |
| **8.創新與研發管理** | • 針對企業新商品開發、既有產品改良升級、新車型開發、技術升級、新口味開發、新設計開發，以及相關各種創新、創造、革新等之工作。 |
| **9.製造管理** | • 針對企業各項訂單、各項銷售之生產／製造；提升產品品質及良率；準時生產完成、準時交貨、提升生產效率與效能，促進生產製造的自動化、智能AI化。 |
| **10.資訊管理** | • 針對企業內部與外部營運系統的資訊化、自動化、自動產出各種營運報表，包括：POS資訊系統、全公司ERP資訊系統、公文資訊化系統、供應鏈系統等。 |
| **11.採購管理** | • 針對各種原物料、零組件、半成品、配件等之採購管理，追求採購品質、採購數量、採購交期、採購價格／成本等工作。 |
| **12.營業管理** | • 針對企業各項產品能夠在實體零售店上架陳列銷售，也能上架電商網購平台，也能自建官方商城，以及門市店、專賣店、專櫃之銷售及管理。 |
| **13.物流管理** | • 針對企業B2C及B2B之物流配送／運輸，能準時送達客戶手中及門市店內；追求高效率、準時之配送任務。 |
| **14.法務管理** | • 針對企業智慧財產權（IP）、商標、專利申請；各項外部合作合約審查等工作。 |

MEMO

# 第2堂

# 靠制度，不能靠人治

一　人治的缺點

二　凡事要靠制度，才能百年經營

三　制度，也要不斷修改，與時俱進的七種狀況

四　高效主管如何養成？要主動建議及修正

# 靠制度，不能靠人治

## 一、人治的缺點

企業要追求高效（高效率、高效能）經營，一定要建立「制度化」、要「制度化營運」才行、才會成功。如果靠人治經營，不同的人，做事情會有不同的觀點、作法、方式、認知、速度，所以會走樣、會品管不一、成效會不同、客戶也會不滿意。總之，人治的缺點：

（一）品質標準不一

（二）工作效率不一

（三）出錯機會大

（四）客人會不滿意

（五）營運成本反而升高

（六）工作效能反而下降

**圖2-1　公司營運，靠人治的缺點**

1.品質水準不一

2.工作效率不一

3.出錯機會大

4.營運成本反而升高

5.工作效能反而下降

6.顧客會不滿意

**靠人治經營的公司，必不會成功，也不會長久！**

## 二、凡事要靠制度，才能百年經營

企業營運，不管大型、中型、小型企業都要靠一套完整且全方位的制度、規章、辦法、標準作業流程（SOP）、機制來運作才行。這些重要制度，包括到各部門、各廠、各中心、各分公司、各館、各營業所等，如下24種制度規章：

## 三、制度，也要不斷修改，與時俱進的七種狀況

企業各種營運制度，也必須不斷的精進、修改、與時俱進才行。只要是以下制度，都必須要及時加以修正、改良、精進、革新、更正等。

（一）不合時宜的制度

（二）落伍的制度

（三）不合需求的制度

（四）太傳統不夠創新的制度

（五）不夠數位化、自動化、資訊化的制度

（六）不能符合顧客期待與滿意的制度

（七）裝潢不夠新穎的設施制度

圖2-3　要不斷修改、更新、與時俱進的七種不合格制度

1.不合時宜的制度

2.太落伍的制度

3.太傳統、不夠創新的制度

4.不合人性、員工需求的制度

5.不夠數位化、自動化、資訊化的制度

6.不能符合顧客期待與滿意的制度

7.裝潢不夠新穎的設施制度

都必須及時加以：修正、改良、精進、革新、更正、更新、創新制度內容

## 四、高效主管如何養成？要主動建議及修正

公司營運必須靠百年制度，不能靠人治，因此，各級主管，從副理、組長、經理、協理、總監、處長、廠長、副總經理、經總理等各級主管，都必須有責任的、主動的、積極的、有效的向公司高層建議如何修改、更新相關的制度／規章、辦法、流程等，使公司的各種全方位制度均能可大、可久、可有效率及效能。

圖2-4　高效主管要如何養成

- 要及時的、主動的、積極的、快速的、有效的：

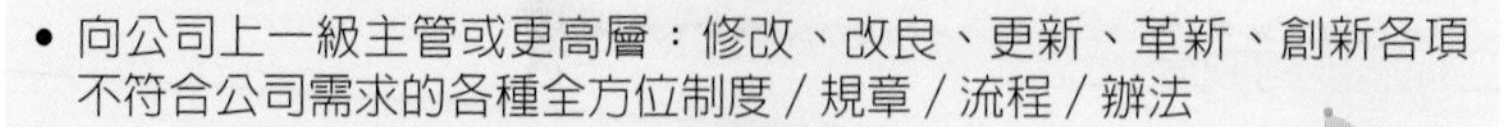

- 向公司上一級主管或更高層：修改、改良、更新、革新、創新各項不符合公司需求的各種全方位制度／規章／流程／辦法

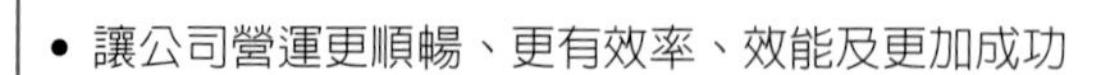

- 讓公司營運更順暢、更有效率、效能及更加成功

# 第3堂

# 要終身學習、不斷學習、不斷進步，客戶才會持續跟著你

# 要終身學習、不斷學習、不斷進步，客戶才會持續跟著你

## 一、終身學習的項目

企業高效主管的養成，其中一個非常重要的項目，就是所有各級主管都必須要能夠終身學習才行。而終身學習的內容項目，包括如下圖示：

圖3-1　高效主管終身學習的內涵項目

| | | |
|---|---|---|
| 1.自身工作上更深、更新、更多的本行專業知識 | 2.跨領域、跨部門的不同專業知識 | 3.語言能力（英文、日語……） |
| 4.一般企管知識 | 5.一般行銷知識 | 6.一般營業、銷售知識 |
| 7.本行產業知識 | 8.大客戶知識（B2B） | 9.顧客、消費者知識（B2C） |
| 10.科技最新知識（例：AI） | 11.新產品創意及開發知識 | 12.技術與研發升級知識 |

## 二、高效主管如何養成？8種學習管道

那麼，企業各級高效主管應如何做好終身學習、不斷進步呢？如下圖示各種參與學習：

**圖3-2　高效主管要如何終身學習、不斷進步的學習管道**

| 1.公司內部開課／上課學習 | 2.參加外部專業機構開課的學習 | 3.參加外部國內外大學及研究所的學習 | 4.到全球各大主流展覽會參展、觀看、學習 |
| --- | --- | --- | --- |
| 5.到國外第一名同業公司去參訪、學習 | 6.公司內部組成讀書會學習 | 7.員工自我買書閱讀學習 | 8.公司組成專案特別小組學習 |

**持續保持各級高效主管的學習及進步，**
**才能提升自己工作的績效與自己對公司更大的貢獻**

## 三、你要不斷學習、成長、進步，客戶才會持續跟著你

特別是做B2B國外大客戶OEM、ODM訂單的企業，你必須保持跑在客戶的前面，讓他們覺得你每天都有在進步及成長，比這些客戶走在更前面，這些國外大型B2B客戶，才會持續跟著你，把訂單持續發給你，這是很重要的重點！

**圖3-3　讓B2B大客戶持續跟著你**

你要不斷學習、成長、進步

海外B2B大客戶才會持續跟著你、
訂單持續給你

MEMO

# 第4堂

# 要能激勵／獎勵部屬員工，不能只為自己好

一　對員工獎勵，才能創造高效主管

# 要能激勵／獎勵部屬員工，不能只為自己好

## 一、對員工獎勵，才能創造高效主管

各級高效主管的養成，不要靠自己一個人，而是靠團隊，一定要激勵／獎勵部屬員工，包括：

（一）心理面獎勵：

口頭、開員工大會的表揚。

（二）物質面獎勵：

年終獎金、分紅獎金、績效獎金、業績獎金、三節獎金、特別獎金、研發獎金……等。

（三）晉升面獎勵：

晉升上一級主管的職務名稱及跟隨加薪。

**圖4-1　對員工的足夠3種獎勵**

1.心理面獎勵

2.物質面獎勵

3.晉升面獎勵

（四）多給部屬，主管少拿一些，才能高效：

企業各級主管，必須秉持著一種觀念，亦即，多給部屬，主管自己少拿一些，才能做到高效。

**圖4-2**

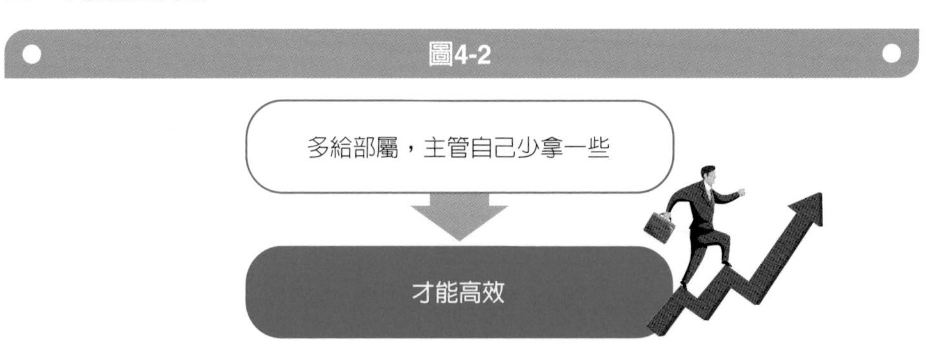

（五）缺乏激勵、獎勵的缺點：

企業內部組織，若因老闆或主管太小氣，或只圖利自己，對部屬員工太吝嗇，不願發獎金，則其缺點為：

1. 員工離職率高
2. 人事流動大
3. 永遠在徵人
4. 公司難成長
5. 企業文化差
6. 員工向心力差

| | | |
|---|---|---|
| 1.員工離職率高 | 2.人事流動率大 | 3.永遠在徵人 |
| 4.公司難成長 | 5.企業文化差 | 6.員工向心力差 |

（六）分紅獎金：拿出稅後盈餘的5%～20%：

不少大企業或上市櫃企業，通常都會有年度分紅獎金；亦即，每年從稅後盈餘中，拿出5%～20%之間，拿出來給全體員工，按績效給予分紅；像台積電七萬人員工，平均每人每年可分到180萬元之高，令人羨慕，因此，員工流動率就不高。

# MEMO

# 第5堂

# 要能團隊合作，不要做個人英雄

# 要能團隊合作，不要做個人英雄

## 一、公司營運是多個部門、多數人而組成的

每家公司是多個部門、多人組成的，包括：

（一）主力營運部門：

研發、技術、新品開發、設計、採購、製造、品管、物流、倉儲、行銷、營業、售後服務、技術維修等operation（營運）部門的團隊合作而成。

（二）協助支援幕僚部門：

人資、IT、法務、企劃、稽核、財會、總務、管理、股務等staff（幕僚）部門的合作支援而成。

總之，公司是上百人、上千人、上萬人而形成去運作的，故必須要團隊、還必須要跨部門的一起合作，才能成就事業。

圖5-1　公司是多部門、多人團隊合作而形成的

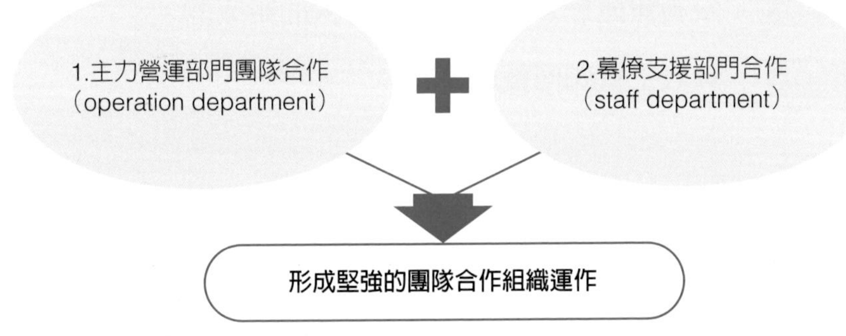


## 二、高效主管如何養成？

企業內部各級高效主管如何養成這方面的要求呢？

（一）要求團隊合作至上，不要個人英雄。

（二）要求各級主管要有寬闊胸襟，成功是大家、團隊的，不是我一個主管的。

（三）要求不要做獨行俠主管，要與部屬共融在一起。

（四）要求觀念、想法、作法，都要改變，要以團隊的成功為榮。

圖5-2　高效主管如何養成團隊合作精神

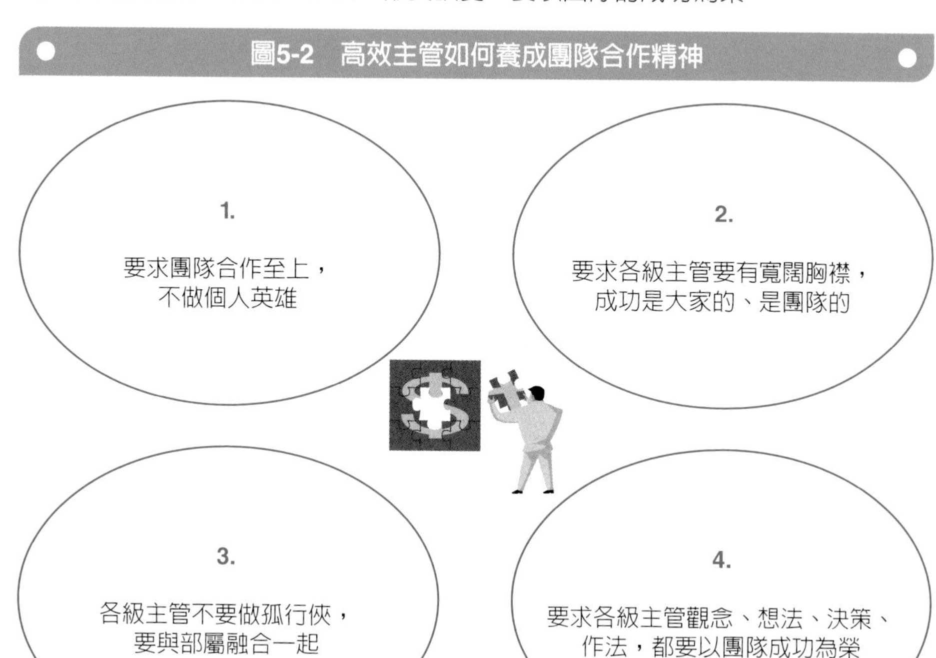

# MEMO

# 要能勇於當責，扛下責任

# 要能勇於當責，扛下責任

## 一、有權，就要有責

企業各級主管、幹部，只要有權力，就要有責任，不能只享受成功，卻無責任；這是不對的。

圖6-1

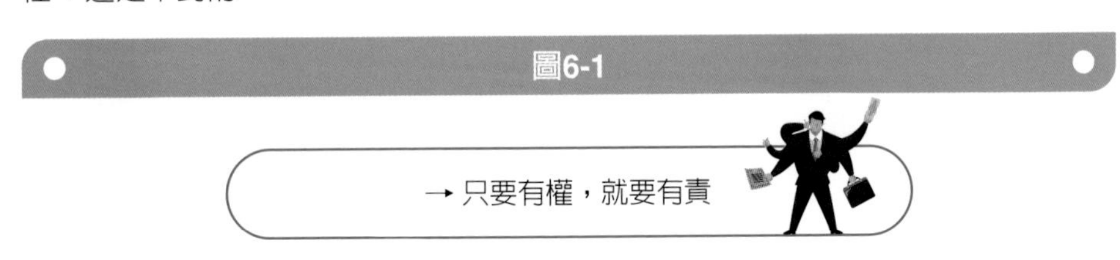


## 二、權力的種類

企業各級主管、幹部，基本上享有的各種權力，包括：

圖6-2　各級主管享有的各項權力

| | | |
|---|---|---|
| 1.指揮、命令部屬做事的能力 | 2.下最終決策的能力 | 3.領較多薪水的權力 |
| 4.對事情判斷的權力 | 5.支用預算的權力 | 6.只出嘴巴的權力 |

## 三、勇於當責

部屬依長官指示做事，結果使公司產生損失及方向錯誤，上級主管要擔負起決策責任；不可卸責給部屬，自己卻無事；唯主管能當責，部屬才會心服口服。

## 四、高效主管如何養成？

企業各級主管如何養成「當責心」？如下：

（一）公司制定明確規章，劃分明確的主管或部屬的責任歸屬，這是公司制度化的一種。

（二）各級主管自己內心要自我覺醒，自己的當責心培養。

（三）公司企業文化的形塑，各級主管犯錯了，必須予以究責及當責，使各級主管必須小心運用他的權力。

**圖6-3　企業各級主管如何培養當責心**

1.公司制定明確規章區分各級主管的責任所在

2.各級主管自己內心，要自我覺醒，自己培養當責的心態

3.公司企業文化形塑，各級主管犯錯，也必須究責及當責

MEMO

# 第7堂

# 遇事：要立即判斷、立即決定、立即執行

一　日本優衣庫（Uniqlo）董事長柳井正：要求所有幹部，凡遇事要有3個「立即」能力及反應

二　遇什麼事呢？

三　如何應對

四　高效主管如何養成3個立即能力？

# 遇事：要立即判斷、立即決定、立即執行

## 一、日本優衣庫（Uniqlo）董事長柳井正：要求所有幹部，凡遇事要有3個「立即」能力及反應

董事長柳井正要求所有幹部，凡遇事，必須要有3個「立即」的能力及反應：

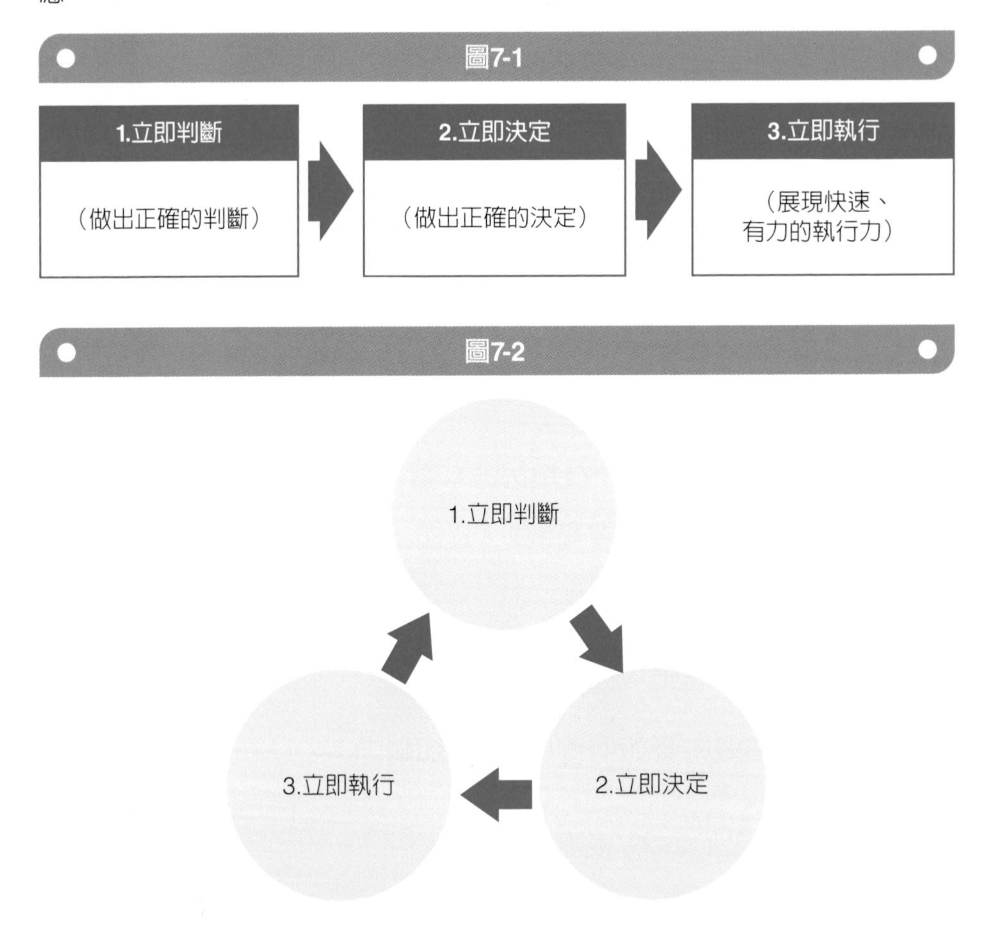


## 二、遇什麼事呢？

企業經營，都經常會遇到必須立即或長期必須要解決的事，包括：

**圖7-3　企業營運常遇到什麼事**

| | | | |
|---|---|---|---|
| 1.競爭對手突然降價 | 2.原物料來源突然降價 | 3.B2B大客戶訂單取消 | 4.食安出問題 |
| 5.近期業績下降 | 6.經濟景氣不振，買氣衰退 | 7.新技術落後對手 | 8.競爭品牌愈來愈多 |
| 9.大客戶要求降價 | 10.全球升息 | 11.全球通膨 | 12.工廠失火 |
| 13.大地震、大水災 | 14.技術團隊被挖角 | 15.消費行為改變 | 16.人口少子化／老年化 |

## 三、如何應對

企業各級高效主管、幹部該如何應對呢？如下圖示：

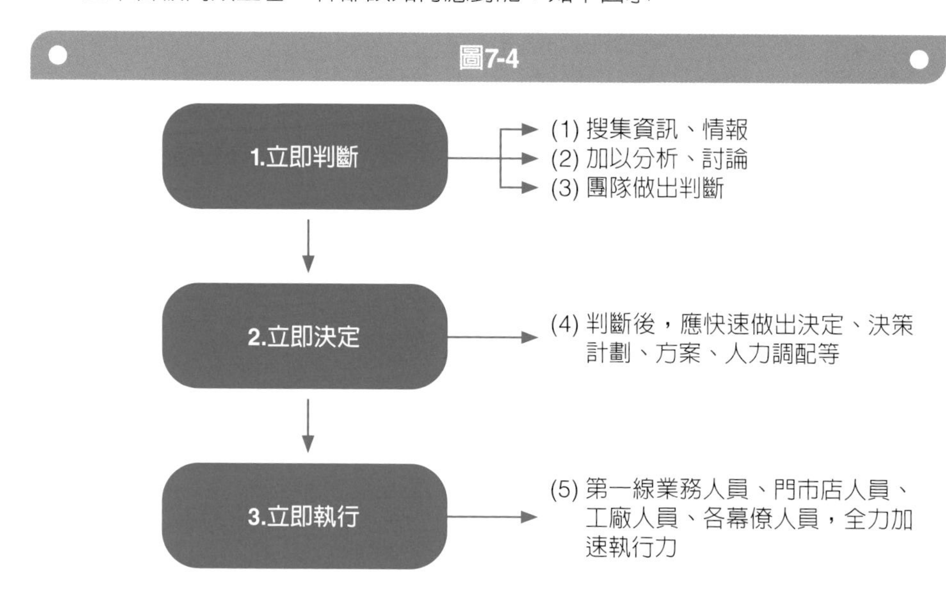

## 四、高效主管如何養成3個立即能力？

高效主管的判斷能力養成是最重要的，要如何養成呢？如下圖示：

圖7-5　各級主管如何養成立即判斷能力？

1.
要能快速搜集足夠的資訊、數據及情報

2.
平常就要養成多聽、多看、多問、多學習的精神

3.
每天不斷學習、不斷進步、不斷精進

4.
每天豐富自己的多領域實戰經驗及多歷練

5.
向更高階主管學習如何下判斷、如何下決策

6.
多看書、多看報告、多記得數字

# 第8堂

# 要經常赴第一線，才能了解市場與經營實況

一　第一線的定義

二　親赴現場第一線的五大目的

三　高效主管如何養成？

# 要經常赴第一線，才能了解市場與經營實況

## 一、第一線的定義

企業經營最重要的，就在「第一線」。所謂第一線，就是指：

（一）工廠第一線

（二）門市店第一線

（三）專櫃第一線

（四）專賣店第一線

（五）加盟店第一線

（六）旗艦店第一線

（七）零售賣場第一線

（八）物流中心／倉儲中心

（九）人才培訓中心

（十）R&D研發中心

（十一）經銷店

（十二）行銷活動

所以，企業各級高效主管必須經常親臨各種生產、銷售、行銷、物流……等第一線。

**圖8-1　高效主管要經常親臨第一線**

| | | |
|---|---|---|
| 1.工廠（現場） | 2.門市店 | 3.加盟店 |
| 4.專賣店 | 5.專櫃 | 6.旗艦店 |
| 7.零售賣場 | 8.物流／倉儲中心 | 9.人才培訓中心 |
| 10.行銷活動 | 11.R&D研發中心 | 12.經銷店 |

## 二、親赴現場第一線的五大目的

各級高效主管親赴第一線的各種目的，主要有如下圖：

圖8-2　各級主管親赴第一線五大目的

| 1.了解生產製造現場的品質狀況及效率提升 | 2.了解物流／倉儲進出狀況的順暢性 | 3.了解各零售據點，我方產品的陳列狀況、陳列空間 |
| --- | --- | --- |
| 4.詢問店長、站長、櫃長銷售狀況及改善建議 | 5.詢問現場顧客意見、需求與建議 | |

## 三、高效主管如何養成？

（一）公司制定「制度」：各級主管每週、每月要做多少次赴第一線了解及做記錄及提出改良意見。使各級主管養成親赴第一線「制度」習性。

（二）各級主管要「自我警覺」：每天要有第一線變化的資訊情報搜集及應變習性。

（三）各級主管要「自我勤奮」：每天當第一線穩定時，公司營運必可穩健及成長。切不可整天、整週坐在辦公室裡，做井底之蛙。

圖8-3　高效主管如何養成親赴第一線查看

| 1.<br>公司制定「制度」，每週、每月要赴現場多少次及做記錄 | 2.要有自我警覺性 | 3.要有自我認知性及勤奮性 |
| --- | --- | --- |

MEMO

# 第9堂

# 擁有公司內部及外部廣泛豐厚的人脈存摺

一　必須請教外部專業人脈

二　外部人脈的種類

三　高效主管如何養成？

# 要擁有公司內部及外部廣泛豐厚的人脈存摺

## 一、必須請教外部專業人脈

企業內部各級主管／幹部經常會遇到不熟悉、不專長、沒碰到過的其他領域事情或決策或判斷，故必須請教外部的人脈存摺，才能儘快了解及解決事情。

圖9-1

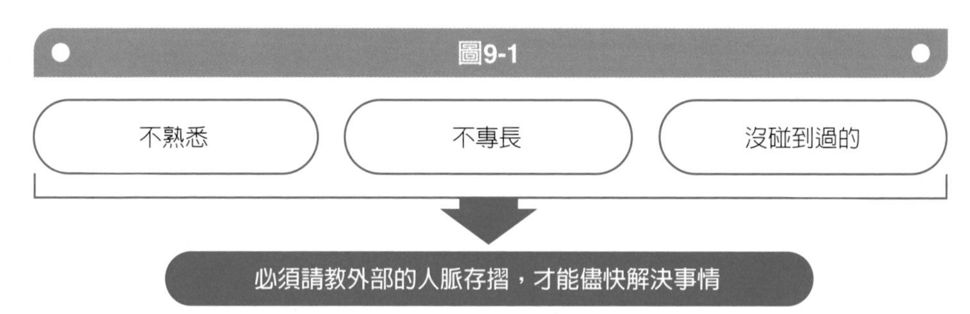


## 二、外部人脈的種類

企業往往必須借助外部人脈的專業知識及經驗，這些包括如下：

圖9-2　各級主管須借助外部人脈種類

| | | |
|---|---|---|
| 1.會計師事務所 | 2.律師事務所 | 3.工程事務所 |
| 4.政府機構 | 5.銀行 | 6.證券公司 |
| 7.保險公司 | 8.經濟研究機構 | 9.商業研究機構 |
| 10.市調公司 | 11.廣告公司 | 12.公關公司 |
| 13.媒體代理商 | 14.電視台記者 | 15.報社記者 |
| 16.網路新聞記者 | 17.大型零售公司採購人員 | 18.同業公會、他業公會 |
| 19.上游供應商 | 20.經濟商 | 21.外國駐台代表處 |
| 22.數位廣告公司 | 23.網紅經紀公司 | 24.跨業公司 |

## 三、高效主管如何養成？

企業各級主管如何養成外部人脈存摺呢？如下圖示：

圖9-3　各級主管如何養成外部人脈

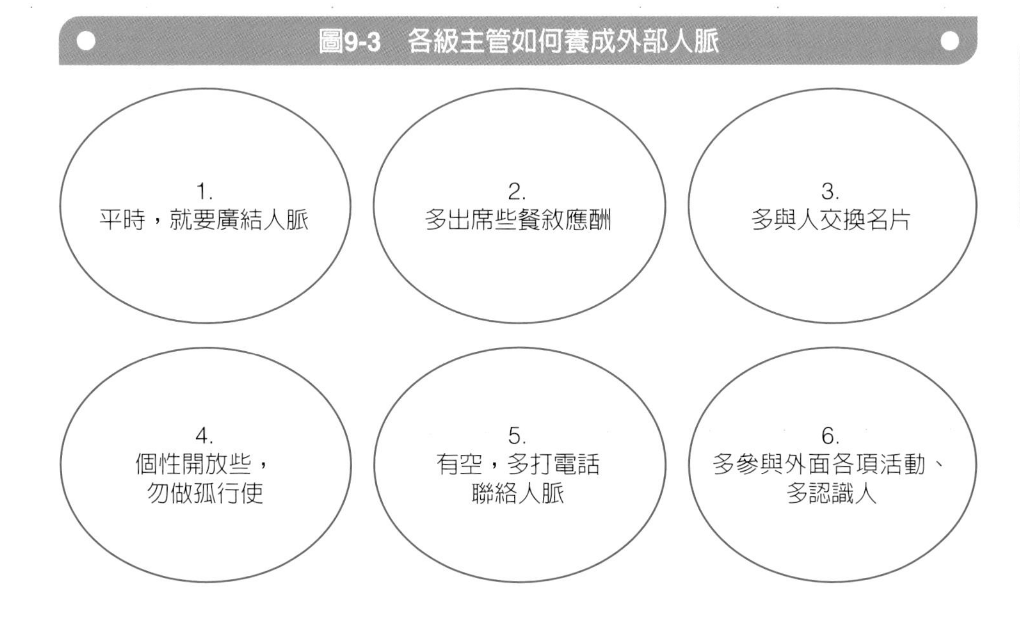

MEMO

# 第10堂

# 要做好人資DEI

# 要做好人資DEI

## 一、何謂人資DEI？

企業在人資方面，就是要努力貫徹落實人資最新趨勢與3原則：

**〈原則1〉D：Diversity**

企業引用、聘用人才，要做到多元化、多樣化、多角化。因為企業規模愈來愈大、事業部門愈來愈多，因此，一定需要更多元化、多樣化的優秀好人才，而不是太過於一致性、一樣化的人才，這樣企業才能愈做愈大。

**〈原則2〉E：Equity**

企業用人唯才，只要有才能，絕不能區分他們的膚色、種族、性別、國籍等之不同；尤其，在企業全球化、布局全球的時刻，任何國家的當地人，只要是好人才，就要用他們做高階管理階層，要具公平性、公正性。

**〈原則3〉I：inclusion**

企業用人要能共融性、互融性，大家一定要融合在一起，不分你我；人與人及組織與組織之間，要有互融性。

**圖10-1　人資最新3原則：DEI**

| 1. D：Diversity | 2. E：Equity | 3. I：Inclusion |
|---|---|---|
| 多元化、多樣化人才聘用 | 人才聘用、晉升的公平性、公正性 | 人與人之間的共融性 |

## 二、高效主管如何養成？

高效主管如何落實做好、做到人資DEI的3原則呢？如下圖示：

**圖10-2　高效主管如何養成人資DEI的3原則？**

| 1.將DEI的3大原則，訂為公司人事基本制度及規章 | 2.將DEI形成企業文化及組織文化的重大內涵之一 | 3.在實際人事運作上，加以落實、執行 | 4.對布局全球化大企業的真正貫徹實踐，即海外用人在地化、晉升當地化 |
|---|---|---|---|

# 第11堂

# 要永遠實踐九字訣：求新、求變、求快、求更好

# 要永遠實踐九字訣：求新、求變、求快、求更好

## 一、何謂九字訣？

企業高效主管，要經營好事業，永遠要記住並實踐這九字訣：

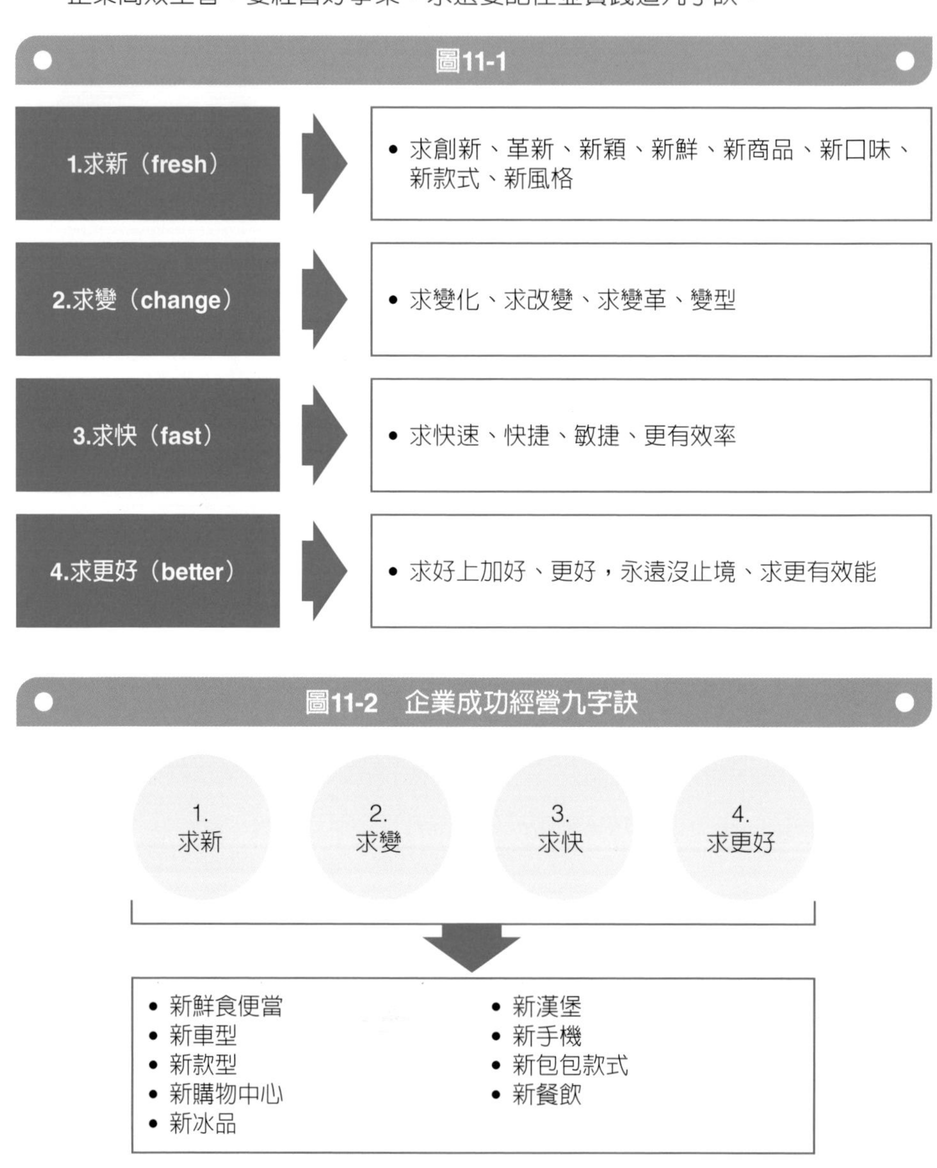

## 二、高效主管如何養成這九字訣？

企業高效主管要如何養成這九字訣呢？如下圖示：

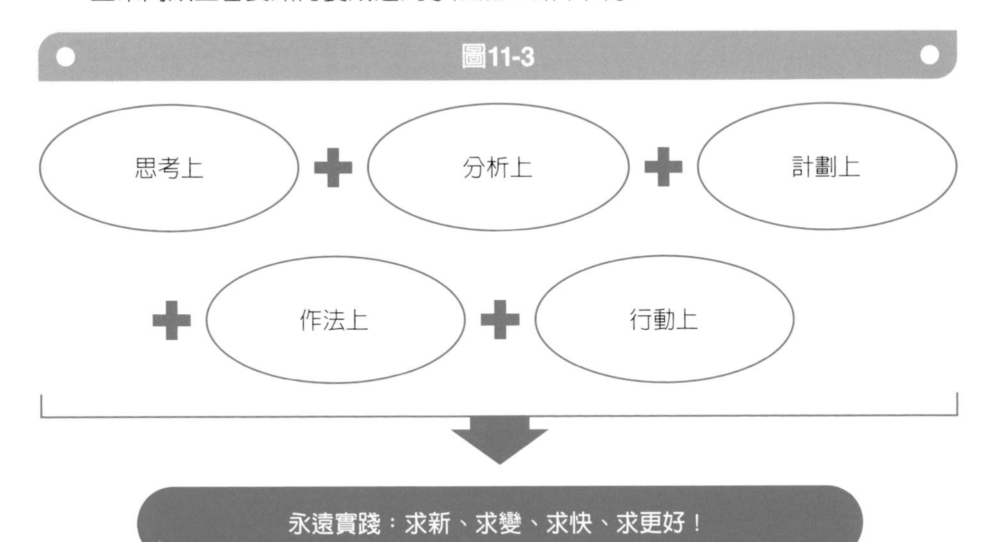

MEMO

# 第12堂

# 要用心做好跨部門溝通／協調

一　企業營運，常要跨部門才能完成

二　各級主管如何養成好的溝通協調力？

# 要用心做好跨部門溝通／協調

## 一、企業營運，常要跨部門才能完成

企業營運，常要跨部門合作才能完成，故任何員工及主管幹部，都要用心做好跟別部門的溝通／協調。例如：

（一）生產／製造部門：

必須要「採購部門」提供原物料及零組件，才能進行生產製造，故要與採購部門有良好溝通協調，避免缺料。

（二）7-11第一線門市：

必須要靠物流中心每天1～2次的準時到貨、補貨才行，故需要做好門市部與物流部密切搭配協調。

（三）營業部新商品上架：

必須要零售商同意配合才能上架成功，故與大型零售商配合／協調，就很重要。

（四）營業部要打造品牌力：

就必須要行銷部的廣告宣傳協助，故營業與行銷常融合在一體。

（五）公司研究部：

要申請IP專利權，也必須要法務部協助。

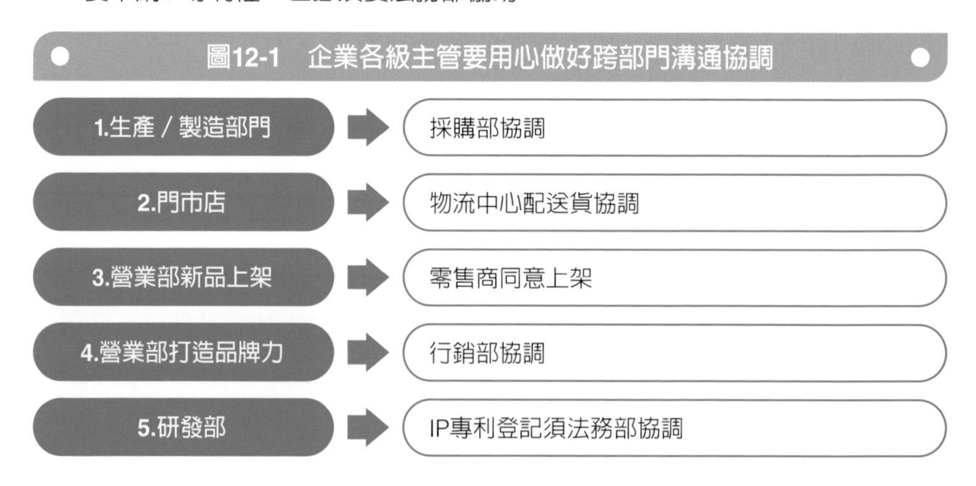

## 二、各級主管如何養成好的溝通協調力？

企業高效主管要如何養成好的溝通協調力？如下圖示：

**圖12-2　各級主管如何養成好的溝通協調力？**

1.主管態度要良好、要客氣

2.話語要清楚、合理說明

3.要依公司既定制度而行

4.平常就要做好與別部門主管的良好人脈關係

5.組織對主管間勿鬥爭、勿派系、勿陷害

6.無法協調時，立即向上一級主管反應，由他來解決

MEMO

# 第13堂

# 要建立每年年度預算管理（損益表），做爲營運管控

| | |
|---|---|
| 一 | 何謂「每月損益表」檢討制度？ |
| 二 | 因應對策 |
| 三 | 實際數字與預算數字互做比較 |
| 四 | 高效主管如何養成會看、會用損益表及預算管理？ |

# 要建立每年年度預算管理（損益表），做為營運管控

## 一、何謂「每月損益表」檢討制度？

企業各級領導主管，每月月初一定要檢討實際營運數字與預算數字，互做比較分析及檢討求進步。每月損益表格式，如下：

圖13-1

| | 1月 | 2月 | …… | 12月 | 合計 |
|---|---|---|---|---|---|
| 營業收入<br>－ 營業成本 | $0000<br>（0000） | $ | $ | $ | $ |
| 營業毛利<br>－ 營業費用 | $000<br>$（000） | $<br>$ | $<br>$ | $<br>$ | $ |
| 營業損益<br>± 營業外支出與收入 | $000<br>$000 | $<br>$ | $<br>$ | $<br>$ | $ |
| 稅前損益 | $000 | $ | $ | $ | $ |

## 二、因應對策

在每月損益表中，如果：

圖13-2

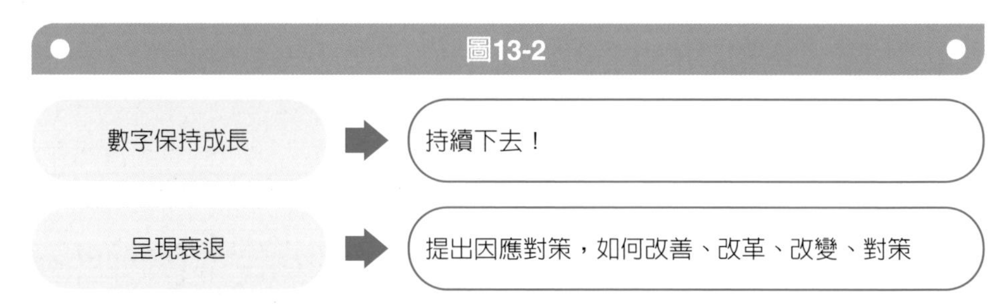


## 三、實際數字與預算數字互做比較

（一）所謂預算管理制度，即是每月要拿損益表中的「實際數字」與「預算數字」互做比較，看看達成率是多少，如果每月達成率不佳，那代表今年營

運結果不佳。

（二）另外，還要拿今年實際數字與去年同期互做比較，如果也不佳，那代表與去年相比，今年營運績效也在退步中。

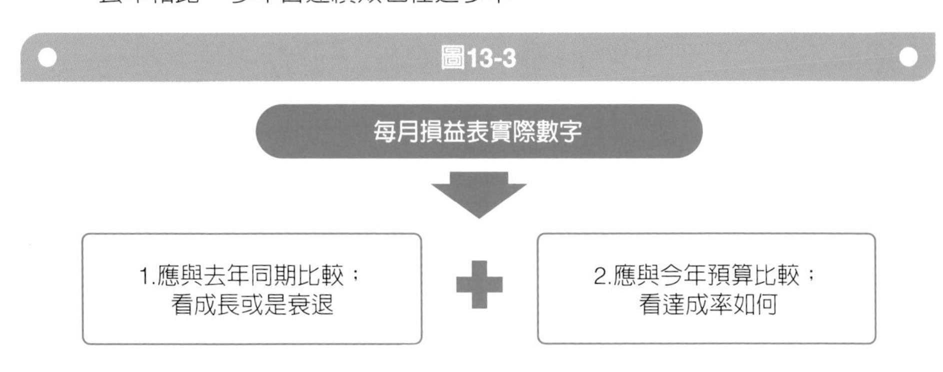

圖13-3

## 四、高效主管如何養成會看、會用損益表及預算管理？

如下圖示：

圖13-4

1.
公司必須建立此制度，
並每月使用及檢討

2.
由會計單位對中高階
主管開課，教會主管們
能看懂損益表

3.
公司高層要求各部門，
以達成每月損益表的預算
數字為最大努力目標

# MEMO

# 第14堂

# 要落實BU（利潤中心）制度

# 要落實BU（利潤中心）制度

## 一、何謂BU制度？

所謂BU（Business Unit）利潤中心制度，即指：將營業組織，依事業部別、產品別、品牌別、分公司別、子公司別、分店別、分館別，拆成獨立性的利潤中心。

- 有賺錢的 → 多分獎金
- 不賺錢的 → 不分獎金，甚至裁撤掉

圖14-1

BU制度（Business Unit） → 獨立利潤中心制度（大家各憑本事）

## 二、BU制度損益表

茲將BU制度與損益表結合在一起，如下圖示：

圖14-2

| | 各品牌別 | 各事業部別 | 各店別 | 各子公司別 |
|---|---|---|---|---|
| 營業收入 | $ | | | |
| －（營業成本） | $ | | | |
| 營業毛利 | $ | | | |
| －（營業費用） | $ | | | |
| 營業損益 | $ | | | |

## 三、BU的五大優點

企業區別各個BU事業單位，將會有如下圖示的各項優點：

**圖14-3　BU制度的優點**

| | | |
|---|---|---|
| 1.<br>各個BU，會更努力賺錢、獲利，以獲取獎金 | 2.<br>可拔擢年輕人做BU主管 | 3.<br>可促進內部良性競爭 |
| 4.<br>總營收、總獲利會增加 | 5.<br>建立良好的企業文化，多賺錢分給員工 | |

## 四、高效主管如何養成？

企業組織各級主管，如何養成這方面觀念及作法呢？如下：

（一）公司必須建立公平、公正、公開、合理的BU制度、規章、辦法及獎勵。大家依BU制度，憑本事各自去努力創造更好的績效成果。

（二）各級主管、各BU主管，必須用心思考、規劃、研發、行銷、銷售、製造，如何獲得客戶（顧客）的信賴及下訂單。BU的成功及獲利，不會從天上輕易掉下來，必須整個BU成員的用心、努力、勤奮、動腦、投入、付出才會成功的。

**圖14-4　高效主管如何養成BU制度？**

1.
公司必須建立公平、公正、公開、合理的BU制度及辦法

2.
各BU主管必須更用心、努力、勤奮、動腦、投入去經營BU事業

MEMO

# 第15堂

# 要實踐經營管理的6循環：O-S-P-D-C-A

一　何謂O-S-P-D-C-A的6循環？

二　高效主管如何養成O-S-P-D-C-A？

三　示例：2035年統一7-11全台1萬店

# 要實踐經營管理的6循環：O-S-P-D-C-A

## 一、何謂O-S-P-D-C-A的6循環？

企業各級高效主管要做好事情，必須具備良好且完整的6循環，如下：

## 二、高效主管如何養成O-S-P-D-C-A？

**圖15-2　如何養成O-S-P-D-C-A**

1.
各級主管每天做事，
一定要依照此6步驟去執行，
事情才會成功

2.
形成企業每個主管的做事
企業文化及固定流程與思維

## 三、示例：**2035年統一7-11全台1萬店**

統一超商在2024年時，已達7,000店；現在訂下2035年時，全台達1萬家店的願景目標，如下：

**圖15-3**

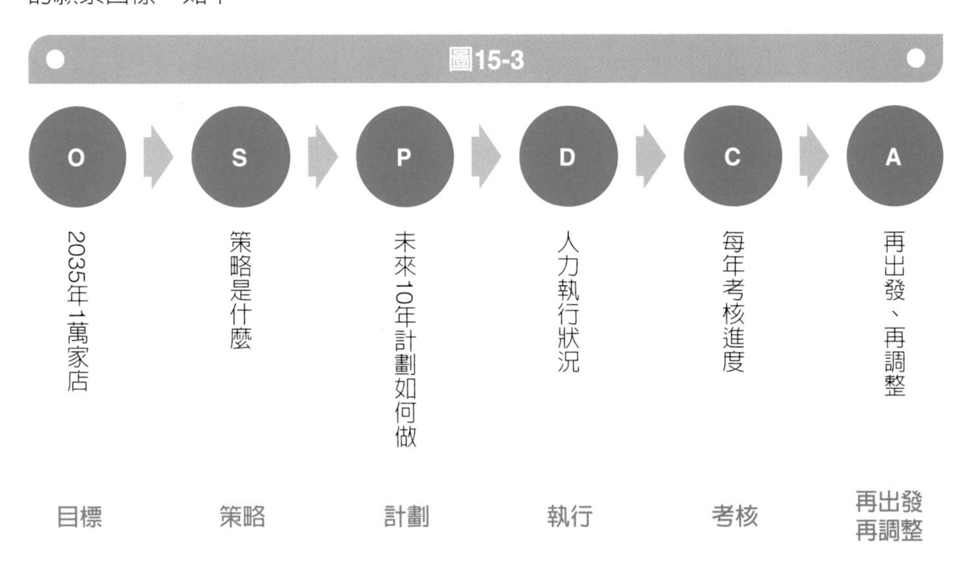

MEMO

# 第16堂

# 得人才者，得天下也，建立最強人才團隊組織

一　高績效主管，不是靠自己一個人

二　每個部門的成就，都要有3層優秀幹部

三　如何養成優秀的人才團隊？

# 得人才者，得天下也，建立最強人才團隊組織

## 一、高績效主管，不是靠自己一個人

企業各級主管，應該明瞭：企業各部門、各廠、各中心的成功，絕不是靠主管一個人所成就的；而是靠一個堅強團隊及組織能力所得來的。

圖16-1

高績效主管的成就 → 
- 絕不是靠一個人的
- 而是靠一個團隊組織所成就的！

## 二、每個部門的成就，都要有3層優秀幹部

每個部門的成功，當然基層員工貢獻很大，這是該給予肯定的。但，除了基層之外，還必須要有優秀的領導幹部才行，即：

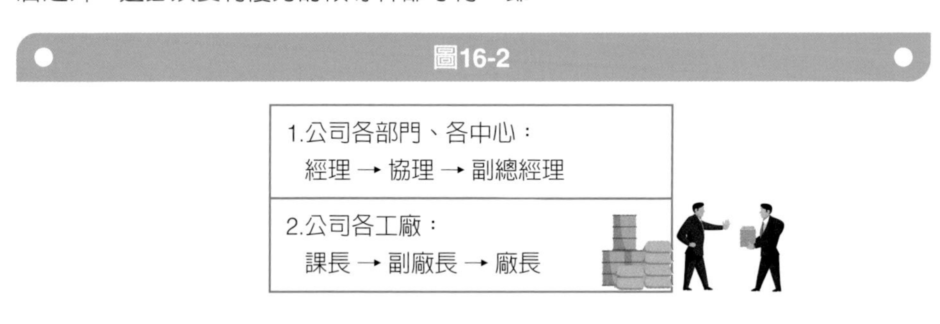


## 三、如何養成優秀的人才團隊？

企業內部要如何養成優良的人才團隊呢？如下：

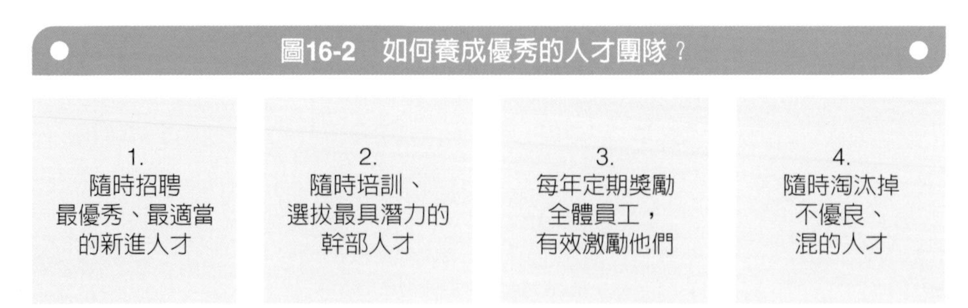

# 第17堂

# 不創新，就等死；不斷創新，是爲了不斷存活下去

| | |
|---|---|
| 一 | 彼得・杜拉克名言 |
| 二 | 企業創新成功的案例 |
| 三 | 創新的種類 |
| 四 | 如何養成創新精神？ |

# 不創新，就等死；不斷創新，是為了不斷存活下去

## 一、彼得・杜拉克名言

美國管理學界大師彼得・杜拉克曾說過一句名言，即：「Innovation, or die」（不創新，即等死）。很多企業都保持創新好習慣，因為：他們不斷創新，就是為了不斷存活下去。

圖17-1

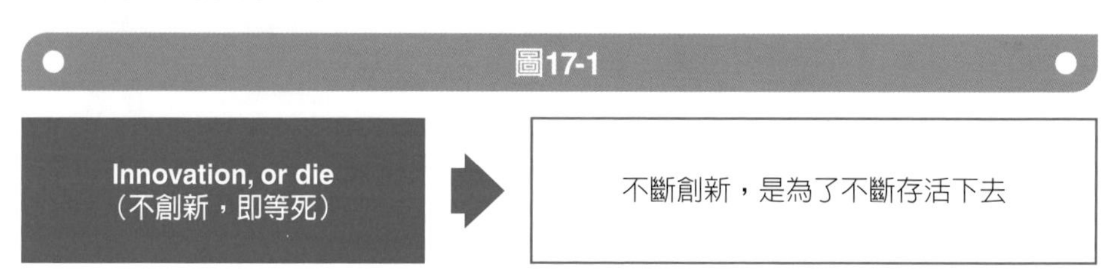


## 二、企業創新成功的案例

企業創新成功的案例，如下圖示：

圖17-2　企業創新成功案例

| | | |
|---|---|---|
| 1.生成式AI | 2.電動車 | 3.電動機車 |
| 4. Meta（FB/IG） | 5. YouTube | 6. Google |
| 7. 4G/5G手機 | 8. LINE | 9. TikTok |
| 10. AIPC | 11. AI伺服器 | 12. 量子電腦 |
| 13. AI晶片 | 14.各式口味餐飲 | 15.各國旅遊景點 |
| 16.海上郵輪旅行 | 17.大型休旅車 | 18.藥局連鎖 |
| 19.藥妝連鎖 | 20.手搖飲 | 21.保健品 |
| 22.美式大賣場 | 23.豪華汽車 | 24.便利商店大型化 |

## 三、創新的種類

茲圖示如下：

圖17-3　創新的種類

| | | |
|---|---|---|
| 1.技術創新 | 2.設計創新 | 3.門市店創新 |
| 4.新產品創新 | 5.新功能創新 | 6.新口味創新 |
| 7.新車型創新 | 8.新造型創新 | 9.新服務創新 |
| 10.新省成本創新 | 11. App下訂單創新 | 12. 24小時宅送到府創新 |
| 13.新outlet創新 | 14.新大型購物中心創新 | 15.新裝潢創新 |

## 四、如何養成創新精神？

企業各級主管養成創新精神與行動的方法，如下圖示：

圖17-4　各級主管如何養成創新精神？

1. 融入企業文化，成為重要一環
2. 納入主管考績，年度總檢討
3. 會議中不斷強調
4. 各部門舉辦創新競賽
5. 舉辦年度創新頒獎典禮
6. 發給大額創新獎金

MEMO

# 第18堂

# 要求自己：無私、無我，全心爲公司好

# 要求自己：無私、無我，全心為公司好

## 一、無私、無我

企業內部組織對中、高階主管，怕的是：

**圖18-1　中／高階主管圖利自己**

1. 圖利自己
2. 索取回扣
3. 營私舞弊
4. 只為自己好，不為部屬著想

**任何層級主管，必須100%做到：無私、無我、一切為公司！**

## 二、如何養成無私、無我的品德

要做好高效主管，成為部屬們的表率，一定要努力做到「無私、無我」，那要如何養成呢？如下圖示：

**圖18-2　如何養成無私、無我的品德？**

1. 各級主管務必：自我要求，做到無私、無我

2. 公司各種制度及各種稽核，要求各級主管做到無私、無我
3. 老闆要求用人、招人的第一大原則：品德、品格放第一位置

# 第19堂

# 沒有數字，就沒有管理；要重視「數字管理」

一　數字管理的案例

二　如何養成重視數字管理？

# 沒有數字，就沒有管理；要重視「數字管理」

## 一、數字管理的案例

企業很多決策，要靠數字去判斷及依據，沒數字，就沒有管理。

**圖19-1　數字管理的案例**

1.產品銷售數字，代表業績成長或衰退

2.損益表數字，代表每個月公司是賺、是賠

3.全年新品上市成功或失敗的數字

4.製造良率的提升或下降

5.物流宅配數字的提升或下降

6.週年慶業績的成長或衰退

7.國外客戶訂單數量的成長或衰退

8.品牌市占率的成長或衰退

9.新聞節目收視率的成長或衰退

10.開拓新事業的指標數字

## 二、如何養成重視數字管理？

企業各級主管如何養成重視數字管理？如下圖示：

**圖19-2　各級主管如何養成重視數字管理？**

1. 每天觀察銷售數字的變化，成長、持平或衰退

2. 每月出席損益表數字檢討會議

3. 公司內部上課、培訓，養成基本知識

4. 要求各級幹部的各項決策，都要有數字依據

5. 回答上級詢問，都要有數字依據

6. 所有重大分析報告、企劃報告、決策報告，均須有數字依據

## 第20堂

# 誠信，是各級主管經營理念的根本

一　經營理念的根本

二　誠信案例

三　如何養成「誠信」理念？

# 誠信，是各級主管經營理念的根本

## 一、經營理念的根本

台積電前董事長張忠謀曾表示，「誠信」是該公司經營理念的最根本。企業做生意，無誠信，就不會成功；各級主管做工作，沒有誠信，就令人難以相信及聘用。

**圖20-1**

「誠信」與「正直」（Integrity）

- 企業經營最根本
- 各級主管的最基本品德

## 二、誠信案例

**圖20-2　誠信案例**

| | |
|---|---|
| **1.做業務銷售：**<br>無誠信，不再往來 | **2.做上游供貨商：**<br>無誠信，不再採購 |
| **3.賣產品：**<br>無品質誠信，不會再買 | **4.整個公司：**<br>無誠信，不再往來，列入黑名單 |

## 三、如何養成「誠信」理念？

企業各級主管要如何養成「誠信」理念呢？如下圖示

**圖20-3　各級主管如何養成「誠信」理論**

1.列入公司必備的企業文化及經理人文化之一

2.招聘新人的特質，重視是否有誠信特質

3.將誠信納入新人訓練的重點教材

4.列入員工主管年終考核項目之一

5.董事長在各種會議不斷強調誠信的重要

# 第21堂

# 必須透過培訓（教育訓練）、輪調、歷練而育成

一　高績效主管養成術

# 必須透過培訓（教育訓練）、輪調、歷練而育成

## 一、高績效主管養成術

企業各級主管，特別是想向中高階主管發展，必須經過4關，如下述：

**〈第1關〉培訓（教育訓練）**

（一）內訓（公司內部各種專業及領導的教育訓練）

（二）外訓（外部機構的教育訓練）

**〈第2關〉輪調**

對重要部門的輪調，使這些儲備主管了解更多部門的工作（包括：廠務、業務、行銷、海外公司、技術……），使其成為全方位人才。

**〈第3關〉歷練**

給予重要的「專案委員會」、「專案小組」、「子公司」、「分公司」等負責人之多方面歷練。

**〈第4關〉考核**

最後，要考核這些中高階主管候選人，是否能更成長、更成熟、更進步、更有領導力、更具挑戰心、更具當責心、對公司更有貢獻。

**圖21-1　中高階主管育成術4關**

〈第1關〉教育訓練 → • 內訓（內部教育訓練）
　　　　　　　　　→ • 外訓（外部教育訓練）

↓

〈第2關〉輪調 → 各重要部門的輪調，使成全方位領導人才

↓

〈第3關〉歷練 → 授予各種專案委員會、專案小組負責人之歷練

↓

〈第4關〉考核 → 考核這些中高階領導人才的足夠能力及條件

# 第22堂

# 要抉擇每一個階段對的／正確的經營方向與經營策略

一　對的經營方向與經營策略成功案例

二　如何養成對的經營方向及經營策略

# 要抉擇每一個階段對的／正確的經營方向與經營策略

## 一、對的經營方向與經營策略成功案例

企業各級主管要達成高績效目標，必須有能力、有遠見制定對的經營方向及策略，如下成功案例：

圖22-1　企業制定對的經營方向與策略的成功案例

| 1. 7-11 | 2.全聯 | 3. momo |
|---|---|---|
| 超商持續展店第一名 | 超市持續展店第一名 | 營收突破1,000億，第一名 |
| **4.王品** | **5.和泰汽車** | **6.佳士達** |
| 26個多品牌第一名 | 每年推出新款汽車第一名 | 營收突破1,000億，第一名 |
| **7.輝達** | **8.台積電** | **9.寶雅** |
| AI應用第一名 | 3奈米、2奈米第一名 | 新業態第一名 |
| **10.廣達** | **11.愛爾麗** | **12.統一企業** |
| AI伺服器第一名 | 醫美第一名 | 收購家樂福第一名 |

## 二、如何養成對的經營方向及經營策略

圖示如下：

圖22-2　如何養成對的經營方向及經營策略？

| 1. | 2. | 3. | 4. |
|---|---|---|---|
| 在各種重要會議中，向上一級主管學習做出正確策略 | 觀察、學習同業或異業成功的策略抉擇 | 與經營團隊共同討論及抉擇的學習 | 多做分析、評估、觀察、討論，才能做出正確策略及方向抉擇 |

# 第23堂

# 要永保危機意識，絕不可一刻鬆懈及自滿

一　永保危機意識，勿被競爭對手超越

二　如何養成永保危機意識？

# 要永保危機意識，絕不可一刻鬆懈及自滿

## 一、永保危機意識，勿被競爭對手超越

企業各級主管必須永保危機意識，勿被競爭對手超越，如下圖示：

圖23-1　被競爭對手超越案例

| | | |
|---|---|---|
| 1.業績被超越 | 2.技術力被超越 | 3.設計能力被超越 |
| 4.門市店總數被超越 | 5.品質被超越 | 6.新車型被超越 |
| 7.成本力被超越 | 8.市占率被超越 | 9.通路上架被超越 |
| 10.人才力被超越 | 11.客戶被超越 | 12.獲利力被超越 |

## 二、如何養成永保危機意識？

企業各級主管如何養成永保危機意識呢？如下圖示：

圖23-2　如何養成永保危機意識？

| | | |
|---|---|---|
| 1.<br>每天關注各項經營數字，勿被超越 | 2.<br>平常，即要做好如何保持持續領先的計劃及行動 | 3.<br>保持全員動員的行動力，永保危機意識 |
| 4.<br>將永保危機意識融入企業文化的重點之一 | 5.<br>有落後跡象，就要有應變對策出來 | 6.<br>每天永保研發及技術的精進及領先 |

# 第24堂

# 不成長，就淘汰

一　不成長，就淘汰

二　企業成長案例

三　如何養成「不成長，就淘汰」的思維及行動？

# 不成長，就淘汰

## 一、不成長，就淘汰

企業各級主管必須體認到，企業業績不成長，留在原地，就會被別人超越；不成長，就代表落後了，比輸人家。

圖24-1

## 二、企業成長案例

企業每年在營收、獲利、店數都保持持續成功案例，如下圖示

圖24-2　企業年年保持業績成長案例

| | | |
|---|---|---|
| 1.統一超商（7-11） | 2.星巴克 | 3.全聯超市 |
| 4. momo電商 | 5.統一企業 | 6.台積電 |
| 7.聯華食品 | 8.台灣Costco（好市多） | 9.三陽機車 |
| 10.和泰汽車 | 11.鴻海集團 | 12.SOGO百貨 |
| 13.王品餐飲 | 14.寶雅 | 15.大樹藥局 |
| 16.愛之味 | 17.聯發科 | 18.愛之味 |

## 三、如何養成「不成長，就淘汰」的思維及行動？

企業各級主管如下作法：

圖24-3　如何養成「不成長，就淘汰」

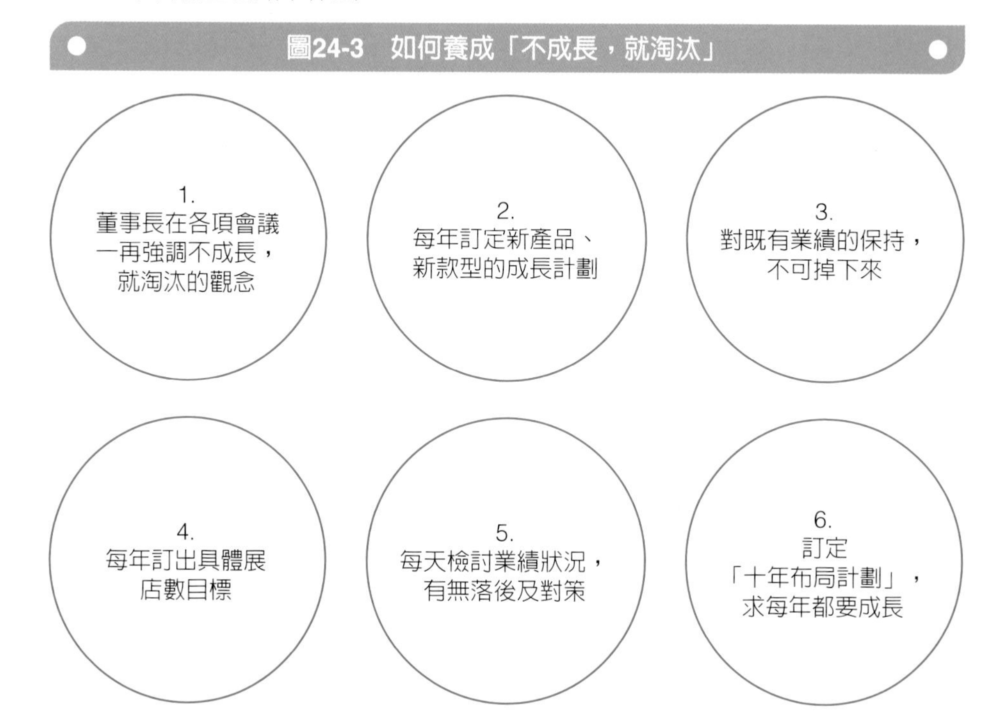

MEMO

# 第25堂

# 強化核心能力，打造競爭優勢

一　核心能力，攸關競爭優勢

二　「核心能力」成功企業案例

三　如何養成「核心能力」？

# 強化核心能力，打造競爭優勢

## 一、核心能力，攸關競爭優勢

每家公司、每個主管、每個部門，都必須養成自身的強大核心能力（core competence），才能勝過競爭對手。

圖25-1

核心能力（core competence）

攸關企業的競爭優勢

## 二、「核心能力」成功企業案例

茲圖示核心能力的成功案例，如下：

圖25-2　核心能力的成功企業案例

**1.台積電**
- 3奈米、2奈米、1奈米的先進晶片研發及製造高良率

**2. 7-11**
- 每年平均250店的持續展店，已達7,000店，遙遙領先競爭對手

**3.王品**
- 快速開出26個餐飲品牌策略，計240店，全台第一大餐飲

**4.聯發科**
- 全台技術最領先的晶片設計研發公司

**5.寶雅**
- 快速展店能力
- 店型多元化
- 店內品項多元、新奇、一站購足

**6.日本三井不動產**
- 8年內開出三家outlet及三家lalaport購物中心

**7.全聯**
- 26年內快速展店1,200家超市，全台第一名

**8.台北101**
- 全台最大名牌精品百貨公司

## 三、如何養成「核心能力」？

茲圖示如下：

**圖25-3　如何養成「核心能力」？**

| | |
|---|---|
| 1.<br>正確選定公司最具能力與競爭力的項目為何 | 2.<br>不斷投入人才、資金、設備、技術，以不斷累積強化 |
| 3.<br>保持業界領先性，使對手跟不上來 | 4.<br>把每年賺到的獲利，拿出一部份，去持續強化核心能力 |

# MEMO

# 第26堂

# 應勇於挑戰與創造，邁向顛峯

一　很多主管，都只保持現狀、不願挑戰更高

二　挑戰、創造什麼？

三　如何養成挑戰心與創造心？

# 應勇於挑戰與創造，邁向顛峯

## 一、很多主管，都只保持現狀、不願挑戰更高

（一）企業界大多數各級主管都蕭規曹隨，都只保持現狀，每年能做固定業績、穩定業績就不錯了，尤其台灣小型經濟體，再高成長機會就更不多了。

（二）所以，每年訂定營收與獲利預算時，都儘量保守，只要穩定就好，很少有向上挑戰性及創造性的雄心壯志。

**圖26-1**

很多主管，每年都只想保持現狀就好，
不願挑戰更高目標

## 二、挑戰、創造什麼？

企業各級主管應該具備向上挑戰與創造的戰鬥力與意志力，如下圖示：

**圖26-2　企業各級主管應挑戰、創造什麼？**

| | | |
|---|---|---|
| 1.每年營收成長的挑戰 | 2.每年獲利、EPS的挑戰 | 3.新事業開拓的挑戰 |
| 4.新產品的挑戰與創造 | 5.新技術的挑戰與創造 | 6.新客戶的挑戰與創造 |
| 7.海外新市場的挑戰與創造 | 8.海外新工廠、新投資的創造 | 9.國內新拓廠的挑戰 |
| 10.布局全球的挑戰與創造 | 11.多角化事業的挑戰與創造 | 12.大膽併購的挑戰與創造 |
| 13.集團規模再擴大的挑戰與創造 | 14.產品組合再優化、再多元化的挑戰與創造 | 15.新店型、新車型的挑戰與創造 |

## 三、如何養成挑戰心與創造心？

企業各級主管如何養成向上、向高、向前的挑戰心及創造心？如下圖示：

**圖26-3　如何養成向上的挑戰心及創造心？**

1.
各級幹部、主管必須自我提升挑戰心及創造心，這是自我覺醒

2.
企業老闆嚴格要求各級主管必須做到

3.
形成每年制度化、規律化、考核化的必要制度要求

4.
被晉升拔擢更高層主管的必要條件

MEMO

# 第27堂

# 要使自己成爲具「經營型人才」爲最高目標

一　何謂「經營型人才」？

二　如何養成「經營型高階人才」？

# 要使自己成為具「經營型人才」為最高目標

## 一、何謂「經營型人才」？

任何企業最需求、最難找的頂尖人才，就叫做「經營型人才」，此人才係指；如下圖示：

**圖27-1　經營型人才特質**

| | | | |
|---|---|---|---|
| 1.能為公司獲利、賺錢的人才 | 2.具有商業頭腦、生意人頭腦的人才 | 3.具創造性、企圖心、挑戰心的人才 | 4.具前瞻性、洞察性、未來性的人才 |
| 18.能比別人更快看到新商機的人才 | 6.具宏觀、大氣領導力的好人才 | 7.是全方位的人才 | 8.是組織未來儲備為業務副總、總經理、執行長的高階好人才 |

## 二、如何養成「經營型高階人才」？

如下圖示：

**圖27-2　如何養成「經營型高階人才」？**

| | | |
|---|---|---|
| 1.<br>要經過多方面工作、職務的磨練及歷練，包括營業部為主力 | 2.<br>挑選出具經營型人才潛力的人才，加以組成「培訓班」種子人才 | 3.<br>要有每年特優考績結果的證明 |
| 4.<br>要培養成具有大格局、大組織領導能力 | 5.<br>要養成具向上、挑戰心、突破心、主動心、企圖心、企劃心的意志力 | 6.<br>要對提升業績、提出新產品、提高市占率、創造新事業有自信心 |

# 第28堂

# 要對部屬公平、公正、公開，勿有派系

一　對部屬公平、公正的事項

二　對部屬公平、公正、公開的優點

三　如何養成各級主管公平、公正、公開的原則

# 要對部屬公平、公正、公開，勿有派系

## 一、對部屬公平、公正的事項

要成為高績效主管，一定要對部屬做到公平、公正、公開才行。這些事項：

圖28-1　對部屬公平、公正的事項

| | | | |
|---|---|---|---|
| 1.<br>年度打考績 | 2.<br>晉升職稱、<br>職務 | 3.<br>發給獎金 | 4.<br>核定薪水 |
| 5.<br>交待工作 | 6.<br>要求績效 | 7.<br>培訓機會 | 8.<br>出國參訪、<br>參展機會 |

## 二、對部屬公平、公正、公開的優點

各級長官應儘可能對部屬做到公平、公正、公開的重大原則，其優點如下：

圖28-2　對部屬公平、公正、公開的優點

| | | |
|---|---|---|
| 1.<br>部屬才會服氣，<br>接受主管的領導 | 2.<br>部屬才不會講主管的<br>壞話 | 3.<br>部屬才會認真做事、<br>用心投入工作 |
| 4.<br>部門整體才會有好績效 | 5.<br>部屬的離職率才會降低 | 6.<br>整個公司才會有良好的<br>企業文化 |

## 三、如何養成各級主管公平、公正、公開的原則

企業對各級主管、幹部應要如何養成他們在領導與管理的公平、公正、公開原則呢？如下圖示：

## 圖28-3　如何養成各級主管公平、公正、公開的管理原則？

1.
形成企業文化必備的一環

2.
董事長在各種會議上，不斷指示與要求

3.
納入各級主管教育訓練的重要內容

4.
對不公正、不公平的主管予以嚴厲處罰及降級

5.
公司董事長設立部屬陳情投訴的e-mail信箱

6.
允許部屬可以越級投訴

MEMO

# 第29堂

# 要懂得運用目標管理

一　目標管理的功能

二　目標管理的項目

三　如何養成目標管理的思維及行動？

# 要懂得運用目標管理

## 一、目標管理的功能

「目標管理」，是企業常用的管理工具之一，其功能，如下圖示：

圖29-1　目標管理的功能

| 1.<br>訂定目標，大家往前衝 | 2.<br>訂定目標，達成者可獲獎金激勵 | 3.<br>管理五個循環：目標→策略→計劃→執行→考核 |
|---|---|---|

## 二、目標管理的項目

企業經營，各部門、各工廠、各中心，要訂定的目標很多，如下圖示：

圖29-2　訂定目標管理的各種項目

| | | |
|---|---|---|
| 1.公司銷售（業績）目標 | 2.公司研發與技術升級目標 | 3.公司獲利、EPS目標 |
| 4.公司總市值目標 | 5.製造良率目標 | 6.品質目標 |
| 7.採購成本目標 | 8.降低成本目標 | 9.新品開發數目標 |
| 10.品牌排名目標 | 11.市占率目標 | 12.賣場陳列目標 |
| 13.省電、省油目標 | 14.週年慶營收目標 | 15.展店數目標 |
| 16.顧客滿意度目標 | 17.多品牌策略目標 | 18.事業多角化、集團化目標 |
| 19. IPO（股票上市櫃）目標 | 20.人事離職率下降目標 | |

## 三、如何養成目標管理的思維及行動？

企業各級主管應如何養成具有目標管理的思維及行動呢？如下圖示：

**圖29-3　如何養成目標管理的思維及行動？**

1.
公司建立制度化，
要求各部門、各工廠、
各中心執行目標管理制度

2.
透過各部門實際作為，
養成習性

3.
依目標達成與否，
給予不同獎金獎勵

4.
目標達成列入年終考核
項目之一

MEMO

# 第30堂

# 有效運用團隊決策力

一　何謂「團隊決策力」？

二　團隊決策力的優點

三　如何養成團隊決策力？

# 有效運用團隊決策力

## 一、何謂「團隊決策力」？

企業內部經常有很重要決策要下，而過去的決策模式，比較偏向老闆（董事長）一個人的威權決策；但現在時代在進步中，比較普遍使用的是團隊決策力。此即，老闆的最後決策仍須用心且尊重相關主管的意見、觀點、建議、看法、經驗；最終，老闆才綜合歸納大多數主管的共同意見，而下決策。

**圖30-1　團隊決策力**

老闆用心且尊重相關主管表達的意見與看法

總結多數主管意見，老闆再下最後決策

## 二、團隊決策力的優點

企業內部的團隊決策力，有如下圖示優點：

**圖30-2　團隊決策的優點**

1. 各級主管有較高的決策參與感，而非老闆一言堂
2. 各級主管有參與決策感之後，較有意願去落實執行
3. 運用團隊主管的經驗與智慧，會比老闆一個人強
4. 團隊決策失敗的機率較低！

## 三、如何養成團隊決策力？

**圖30-3　各級主管如何養成團隊決策力？**

1. 公司建立決策制度化，必須採取團隊決策模式
2. 形成公司重要的企業文化，不允許任何高階主管一言堂
3. 從最高階老闆親自示範做起

# 第31堂

# 要會運用科技工具力，提升工作效率

一　運用科技工具力，提高工作效率

二　科技工具力之示例

# 要會運用科技工具力，提升工作效率

## 一、運用科技工具力，提高工作效率

由於時代的進步，企業界可以運用的科技工具力，大致有如下圖示：

圖31-1　運用科技工具力，提高工作效率

1. AI工具
2.資訊管理工具
3.手機工具
4.機器人工具
5.自動化工具
6. App工具
7.數位化工具

↓

有效、大幅提升各種工作效率與效能！

## 二、科技工具力之示例

茲列舉當前企業運用的科技工具力項目，如下圖示：

圖31-2　企業運用科技工具力之案例

1. ChatGPT（生成式AI）
2. 銀行作業數位化、網路化、手機化
3. 餐廳：機器人送餐
4. 麥當勞：店內數位點餐機
5. 手機App點餐、下單、結帳
6. 無人商店化
7. 工廠自動化、AI化、機器人化
8. 商店POS系統
9. 公司整體ERP資訊系統
10. 公文資訊化系統
11. 供應鏈SCM資訊系統

# 第32堂

# 多累積各種會議學習，可以有效大大提升個人能力

一　公司的各種會議學習

二　會議中向誰學習？

三　向他們學習什麼？

# 多累積各種會議學習，可以有效大大提升個人能力

## 一、公司的各種會議學習

中大型公司內部有各式各樣的會議，都值得各級主管用心、默默學習：

圖32-1　中大型公司的各種會議學習

| | | | |
|---|---|---|---|
| 1.<br>經營戰略會議 | 2.<br>營業（業績）會議 | 3.<br>新品開發會議 | 4.<br>研發技術會議 |
| 5.<br>生產製造會議 | 6.<br>採購會議 | 7.<br>行銷會議 | 8.<br>事業總部會議 |
| 9.<br>BU利潤中心會議 | 10.<br>每月損益表會議 | 11.<br>董事會 | 12.<br>資本支出會議 |
| 13.<br>新年度預算會議 | 14.<br>稽核會議 | 15.<br>國內外參展會議 | 16.<br>重大記者會議 |
| 17.<br>廣告會議 | 18.<br>全台經銷商會議 | 19.<br>週年慶預備會議 | 20.<br>成立支公司會議 |
| 21.<br>布局全球會議 | 22.<br>海外公司視訊月會 | 23.<br>外部環境變化與應變會議 | 24.<br>十年布局會議 |

## 二、會議中向誰學習？

在各種會議中，主要向下列4種長官學習，如下圖示：

**圖32-2　會議中學習的對象**

1.向董事長學習（老闆）

2.向總經理學習

3.向各部門、各工廠、各中心的副總經理一級主管學習

4.向自己的直屬長官學習

5.向各種專案報告的同仁學習

## 三、向他們學習什麼？

究竟向他們學習什麼呢？如下圖示：

**圖32-3　向他們學習什麼？**

1. 學習如何詢問問題
2. 學習他們的分析力及判斷力
3. 學習他們的下決策、下指示、下結論能力
4. 學習他們跨領域的專業知識與經驗
5. 學習如何回答長官的詢問
6. 學習如何寫出好的PPT簡報檔案內容
7. 學習如何有遠見及前瞻性思維

MEMO

# 第33堂

# 做好人資的三對主義→用對的人、放在對的位置上、教他做對的事

一　用對的人、放在對的位置上、教他做對的事

二　如何養成？

# 做好人資的三對主義→用對的人、放在對的位置上、教他做對的事

## 一、用對的人、放在對的位置上、教他做對的事

企業各級主管必須知道要創造他的工作好績效，要奉行人資「三對主義」：

圖33-1

1.用對的人  2.放在對的位置 ➕ 3.教他做對的事

圖33-2　人資原則：三對主義

**1.用對的人：**

- 要招聘或挖角，找到對的、優秀的、有實戰經驗的、有潛力的或過去有良好工作成績的優良人才

**2.放在對的位置上：**

- 一定要放在他／她有專業、有專長、有核心能力、有興趣的工作部門及單位、職務

**3.教他／她做對的事：**

- 直接領導主管或上一級主管，要教他／她、指揮他／她做對的事、正確的工作、對公司有貢獻的及優先的工作

## 二、如何養成？

企業各級主管要如何養成人資的三對主義呢？如下圖示：

圖33-3　如何養成人資的三對主義？

1.
納入主管級人員教育訓練的必要教材內容

2.
董事長開會再三強調，這是各部門主管做事成功的關鍵點

3.
各級主管時刻記住，成為必備的管理思維！

# 第34堂

# 向上一級（你的主管）學習，你才會眞正進步，並得到拔擢、晉升

# 向上一級（你的主管）學習，你才會真正進步，並得到拔擢、晉升

## 一、好的上一級主管的定義

企業組織中，有些主管並非都是好主管，值得學習的上一級好主管是指：

圖34-1　值得學習的上一級主管（你的主管）的特質

| 1.<br>有能力的、很專業的 | 2.<br>公平、公正的 | 3.<br>對公司有貢獻的 | 4.<br>是公司高階要培養的好人才 |
|---|---|---|---|
| 5.<br>不斷進步的 | 6.<br>有領導力 | 7.<br>得到下屬們擁戴的 | 8.<br>主動、積極、創新的 |

## 二、向你的主管學習什麼？

下屬們應該向你的上一級主管學習什麼呢？主要有兩個面向，一是學習如何做人、二是學習如何做事，如下圖示：

圖34-2　向你的上一級主管學習如何做人？

1.學習：好的品德、品格

2.學習：無私、無我

3.學習：真心為公司

4.學習：不會營私舞弊

5.學習：不太拉幫結派

6.學習：懂得跨部門協調

7.學習：懂得更上一級主管滿意

8.學習：懂得關心下屬，並晉升、提拔、加薪下屬們

9.不會嚴厲責罵下屬

10.能與下屬團結一心

11.能提高下屬對公司向心力

## 圖34-3　向你的上一級主管學習如何做事？

1.學習：
他的專業能力及知識

2.學習：
他的獨立思考力

3.學習：
他的管理力與領導力

4.學習：
他的整體規劃能力

5.學習：
他的正確判斷力

6.學習：
他的快速執行力

7.學習：
他的創新與創造力

8.學習：
他的快速應變力

9.學習：
他的向上業務挑戰心

MEMO

# 第35堂

# 尊重部屬且依法授權

一　尊重部屬

二　做好授權部屬的6項原則

三　適當授權的好處

四　如何養成？

# 尊重部屬且依法授權

## 一、尊重部屬

在企業各級主管要做一個高效主管，一定要做好「尊重部屬」，部屬才會真心付出能力給你的長官及公司。圖示如下：

圖35-1　做好尊重下屬的關鍵

| 1.<br>不要亂指揮、瞎指揮 | 2.<br>不要短視領導、不要威權領導、不要一言堂 | 3.<br>尊重部屬不同的看法、不同意見、不同思考點、不同判斷、不同經驗、不同專業點 | 4.<br>絕不能對部屬做人身與言語攻擊 |
|---|---|---|---|

## 二、做好授權部屬的6項原則

企業各級主管如何對部屬做好授權，如下圖示：

圖35-2　做好授權部屬的6原則

| 1.<br>依公司制度規定，予以合法授權 | 2.<br>在授權過程中，切勿忽然又另下不同指示 | 3.<br>要相信部屬會做的好、做的完成，培養部屬自信心 |
|---|---|---|
| 4.<br>雖依公司制度授權，但對某些信任度不足的部屬，仍可定期查核進度，以期如期完成目標 | 5.<br>對具有高度能力且有責任感的部屬，應全面放手讓他們自己去做 | 6.<br>公司不合理的授權規範，亦應及時加以修正調整才行 |

## 三、適當授權的好處

企業依制度、依規定給予各級主管適當授權，可獲下列好處：

圖35-3　適當授權的好處

1.
各級主管會從授權中，
成長與進步。

2.
各級主管做事視野會
更寬廣。

3.
各級主管會更具自信心。

4.
整個部門及整個公司會
更進步、更成長。

5.
各級主管會更具
向心力，會想把事情
做得更好。

## 四、如何養成？

企業各級主管應如何養成真心授權部屬呢？如下圖示：

圖35-4　如何養成各級主管的授權部屬？

1.
凡事，依公司制度
與規定去做、去執行

2.
放手讓各級去做，
從旁觀察與協助

3.
要相信各級主管與
部屬的能力

4.
建立與部屬分享權力的
思維，要分權出去

5.
要建立從授權中，
培養各級重要幹部
人才出來

6.
要真心放下對權力的
無限慾望！

# MEMO

# 第36堂

# 成爲能帶動部屬成長、進步、加薪、晉升的好主管

一　部屬們最重視4項：成長、進步、加薪、晉升

二　如何養成？

# 成為能帶動部屬成長、進步、加薪、晉升的好主管

## 一、部屬們最重視4項：成長、進步、加薪、晉升

企業各級主管應知道自己底下的部屬，最重視的4項就是，如下圖示：

圖36-1　部屬最重視：成長、進步、加薪、晉升

|  |  |
| --- | --- |
| 1.成長 | 工作專長、技能均能有所成長 |
| 2.進步 | 獨立思考力、判斷力、決策力、規劃力、前瞻力，均能進步 |
| 3.加薪 | 每年能依工作表現與對公司貢獻，而定期／不定期加薪 |
| 4.晉升 | 能依長期對公司貢獻及具管理與領導能力，而獲得晉升 |

只不過，也有少數部屬只求穩定就好，不想管人也不想晉升。

## 二、如何養成？

如下圖示：

圖36-2　如何養成部屬的成長、進步、加薪、晉升？

1. 在每天實務中，要教導部屬更深一層的專業及技能
2. 各級主管要主動開課、授課培訓部屬們成長、進步
3. 要依公司制度定期年度加薪，以及特優人才不定期加薪
4. 對於具有領導潛力的好部屬，要加以拔擢、晉升，使其滿足

# 第37堂

# 如何留住優秀人才

一 優秀人才的定義

二 各級主管的成就，都靠優秀的部屬人才

三 如何留住優秀人才？

四 如何養成？

# 如何留住優秀人才

## 一、優秀人才的定義

企業經營成功，就因為內部各部門都有優秀人才，所以，企業一定要重視留住優秀人才。

圖37-1　優秀人才的定義

1.
對公司業績有直接、間接的貢獻

2.
認真、用心、主動、專業、積極、負責、肯學習、不斷進步，比其他一般泛泛之輩更出色！

## 二、各級主管的成就，都靠優秀的部屬人才

其實，坦白來說，大部份各級主管的成就，都是靠底下優秀的部屬人才。

圖37-2

各級主管的成就

大部份靠底下優秀的部屬人才

## 三、如何留住優秀人才？

那麼企業應如何留住優秀的人才呢？如下圖示：

圖37-3　各級主管如何留住優秀人才？

1.在薪水、獎金、福利、及年薪中，能滿足他們的基本需求與認知

2.與他們平時就要培養出更好的友誼與情感

3.經常性鼓勵、慰勉、肯定他們的付出

4.當想離職時，與他們深談、留住他們

5.給他們成長、晉升、自主擔當的機會

6.公司更擴大經營，給他們更大成長舞台！

## 四、如何養成？

如下圖示：

**圖37-4　如何養成留住優秀人才？**

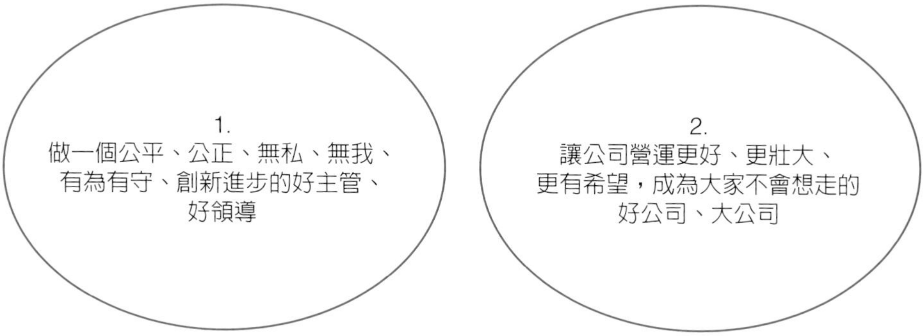

1.
做一個公平、公正、無私、無我、有為有守、創新進步的好主管、好領導

2.
讓公司營運更好、更壯大、更有希望，成為大家不會想走的好公司、大公司

# MEMO

# 第38堂

# 要勇於招募比自己更優秀的好部屬

一　部屬比主管能力與表現更強，整個部門會更成功、績效更好

二　如何養成？

# 要勇於招募比自己更優秀的好部屬

## 一、部屬比主管能力與表現更強，整個部門會更成功、績效更好

企業組織內，不少主管不敢聘用能力、專業、表現比自己強的部屬，這是私心作用。各級主管要勇於招募比自己更強的優秀部屬。尤其，在研發、技術、新品開發、業務、行銷、經營企劃等部門較為常見。

## 二、如何養成？

圖示如下：

# 第39堂

# 要具備精準與快速的判斷力

一　很多企業事情，都必須要有精準與快速的判斷力項目

二　如何養成精準與快速的判斷力？

# 要具備精準與快速的判斷力

## 一、很多企業事情，都必須要有精準與快速的判斷力項目

企業經營都不會是每天都一帆風順的，總會碰上一些困境或問題：

圖39-1　企業經常面對一些困境或問題，需要判斷

| | | |
|---|---|---|
| 1.業績成長緩慢或衰退的判斷力 | 2.新品開發方向的判斷力 | 3.未來3～5年業績成長的判斷力 |
| 4.公司損益表虧損的判斷力 | 5.產品與市場的未來 | 6.產品組合優化方向的判斷力 |
| 7.海外大客戶訂單走向的判斷力 | 8.先進技術未來方向的判斷力 | 9.市場競爭激烈的判斷力 |

## 二、如何養成精準與快速的判斷力？

企業各級主管要如何養成精準與快速的判斷力呢？如下圖示：

圖39-2　如何養成精準與快速的判斷力

| | | |
|---|---|---|
| 1.各種工作經驗多累積 | 2.多做、多看、多聽、多問 | 3.多看書 |
| 4.多主動搜集公司內部與外部的資訊情報 | 5.終身學習，每天學習，每天進步 | 6.向公司優秀的高階主管學習如何下判斷力 |
| 7.多向外部專家／學者／顧問請教 | 8.多與團隊成員討論集思廣益 | 9.多到市場第一線去實地觀察及了解 |

# 第40堂

# 高績效主管帶人術：上司滿意×下屬服氣×團隊獲利

一　上司滿意×下屬服氣×團隊獲利

# 高績效主管帶人術：上司滿意×下屬服氣×團隊獲利

## 一、上司滿意×下屬服氣×團隊獲利

企業各級主管要成為高績效主管，最重要的就是做好三件事，如下圖示：

**圖40-1　高績效主管做好三件事**

**1. 團隊獲利：**

- 各級主管最重要的是團隊要能獲利賺錢，才能存活下去！才是大事！

**2. 下屬服氣：**

- 團隊能賺錢，成為公司高階讚美與獎賞的好單位，如此，下屬也才會服氣及穩定、向心力也高

**3. 上司滿意：**

- 團隊獲利了，上司自然滿意，再加上員工管理好了，上司也省下麻煩

**圖40-2**

最根本：
團隊要獲利、賺錢

上司才會滿意

下屬才會服氣及受獎賞

# 第41堂

# 與下一階主管1對1面談及交心

一　下一階主管的定義

二　1對1面談及交心什麼？

三　如何養成？

# 與下一階主管1對1面談及交心

## 一、下一階主管的定義

此處的下一階主管，指的是：

圖41-1　下一階主管的定義

1.總經理 → 對各部門副總經理
2.副總經理 → 對協理、處長、總監
3.協理 → 對經理
4.經理 → 對副理
5.副理 → 對課長
6.廠長 → 對副廠長

## 二、1對1面談及交心什麼？

如下圖示：

圖41-2　對下一級主管1對1面談及交心的事項

| | | | |
|---|---|---|---|
| 1.近期工作狀況 | 2.近期部屬狀況 | 3.工作困難點及必須協助點 | 4.多予以鼓勵、肯定及未來注意地方 |
| 5.栽培為未來接班人 | 6.提示未來工作重心、方向及項目 | 7.了解、關心他的家庭狀況、子女狀況、身體狀況、經濟狀況 | 8.會給予加薪 |

## 三、如何養成？

如下圖示：

圖41-3　如何養成對下一階主管的1對1面談及交心

1. 定期每年一次1對1面談及交心
2. 有時，不在辦公室，可在中午找餐廳請客餐敘
3. 要給對方坦誠、真心、信賴、期望的良好感受

# 第42堂

# 高績效主管，必須要高學歷嗎？

一　主管必須要高學歷的產業及工作單位

二　如何養成？

# 高績效主管，必須要高學歷嗎？

## 一、主管必須要高學歷的產業及工作單位

企業各級主管並不是每位經理級以上的主管，都必須要高學歷：

圖42-1　需要與不需要高學歷主管的產業

YES
- 主管需要高學歷的產業

1. 高科技業
2. AI、半導體業
3. 生技、醫藥業

NO
- 主管不太需要高學歷的產業

1. 傳統製造業
2. 零售業
3. 餐飲業
4. 日常消費品業
5. 各式服務業

圖42-2　比較必須要高學歷的工作單位

| 1. 研發部門（R&D） | 2. 技術部門 | 3. 經營企劃部門 |
| --- | --- | --- |
| 4. 財務部門 | 5. 法務部門 | 6. 行銷部門 |

## 二、如何養成？

企業各級主管萬一需要碩、博士高學歷，其途徑有：

圖42-3　獲取高學歷途徑

**1.大學畢業時**

- 直接報考碩、博士班

**2.工作後（一邊上班，一邊上課）**

- 可報考各大學的碩士專班
- 在晚上或週六、日上課
- 台大、政大、台師大、清大、交大、成大，以及各私立大學均有開班

# 第43堂

# 台積電人資長對基層員工及高階主管的特質要求

一　台積電對基層員工特質要求

二　台積電對高階主管的4大特質要求

# 台積電人資長對基層員工及高階主管的特質要求

## 一、台積電對基層員工特質要求

台積電人資長何麗梅表示，該公司對基層員工的特質要求有五項：

圖43-1　台積電對基層員工5項特質要求

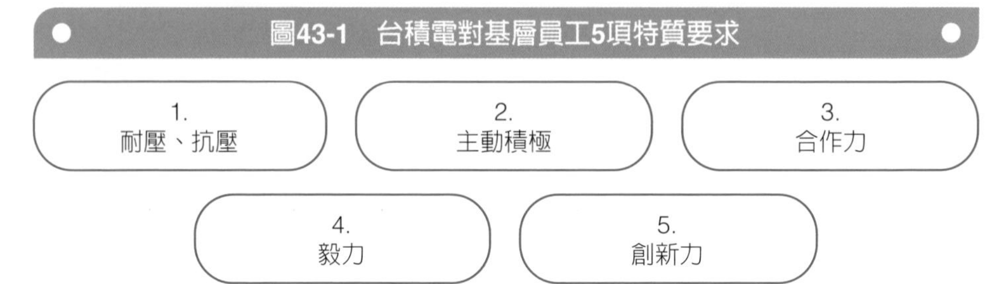


## 二、台積電對高階主管的4大特質要求

如下圖示：

圖43-2　台積電對高階主管的4大特質要求

**1. 判斷力：**

- 對產業、市場、客戶、競爭對手、供應鏈及地緣政治之6項判斷力

**2. 領導力：**

- 能領導全公司或能領導各部門、各廠、各中心發揮工作能力，創造出各部門好績效出來

**3. 器識：**

- 係指高階主管必須擁有：前瞻性、遠見性、大度量及洞悉性的能力

**4. 多領域知識：**

- 高階主管必須全方位能力，不能只懂自己部門的專業，要透過輪調，建立多領域、全方位工作經驗及知識

# 第44堂

# 高績效主管需要的部屬13項優良特質

一　高績效需要部屬的良好特質

# 高績效主管需要的部屬13項優良特質

## 一、高績效需要部屬的良好特質

企業各級主管要創造出部門的良好績效，必須要有一群優秀的部屬共同出力協助，才能成就部門好績效出來。而這些部屬應具備如下圖示的優良特質：

圖44-1　高績效主管必須要有良好特質的部屬共同協助

1. 要有基本的專業能力
2. 要有適當的服從性
3. 要有忠誠性
4. 要有工作熱情
5. 要能對公司有貢獻的
6. 要能團隊合作的
7. 要能不斷學習進步的
8. 要有成熟性格的
9. 要有責任感的，能當責的
10. 要能主動、積極、創新的
11. 要對公司有向心力的
12. 要長期任職，不輕易開口離職的
13. 要能守好本份，穩固做好自己的工作，不用長官擔心的

# 第45堂

# 各級主管注意不能任用部屬的15項特質

一　不能聘用部屬的15項不好特質

# 各級主管注意不能任用部屬的15項特質

## 一、不能聘用部屬的15項不好特質

企業各級主管要創造高績效時，勿忘下列不能聘用為部屬的15項不好特質，如下圖示：

圖45-1　部屬的15項不好特質

1. 愛拍馬屁逢迎的
2. 經常卸責的
3. 專業能力根本不夠的
4. 只挑簡單工作做的
5. 不求進步、不求成長、不求學習的
6. 只想過一天算一天的
7. 長期對公司無貢獻的人
8. 喜歡搞派系鬥爭的
9. 不會團結合作的
10. 喜歡到處說三道四的，講別人壞話的
11. 被動、消極做事的
12. 會找各種理由推掉的
13. 喜歡抱怨，還讓主管聽到的
14. 倚老賣老，不做事的
15. 經常不會回報長官的

# 第46堂

# 基礎夠穩健扎實，才能靈活前進

一　基礎夠穩健扎實的12大項內涵

# 基礎夠穩健扎實，才能靈活前進

## 一、基礎夠穩健扎實的12大項內涵

企業各級主管必須認知到要創造出好績效，最重要者，就是：公司各項基礎要很穩健扎實才行，如下12大項基礎：

圖46-1　公司基礎穩健扎實的12大項內涵

| | | |
|---|---|---|
| 1.制度扎實 | 2.人才扎實 | 3.財務扎實 |
| 4.設備扎實 | 5.資訊扎實 | 6.物流扎實 |
| 7.製造扎實 | 8.各部門專業能力扎實 | 9.既有業務營運扎實 |
| 10.企業文化扎實 | 11.持續創新、精進、革新扎實 | 12.組織團隊合作扎實 |

圖46-2

公司基礎12大項能穩健扎實

- 才能靈活前進
- 才能創造出公司優良好績效

才能長期、永續經營！

# 第47堂

# 做到6件事，讓你在老闆眼中超有份量

一　讓你在老闆眼中超有份量的6件事

# 做到6件事，讓你在老闆眼中超有份量

## 一、讓你在老闆眼中超有份量的6件事

企業各級主管要做好高績，首先必須先了解你的老闆（董事長／總經理級），尤其以6件事最重要：

圖47-1　讓你在老闆眼中超有份量的6件事

1. 觀察並學習他們的決策風格
2. 理解老闆對經營事業的關心點及優先順序
3. 能真正幫老闆解決重大難題
4. 能有好點子，為公司獲利賺錢存活下去
5. 對老闆的困難點，能展示你的理解及支持
6. 帶好你的部門、單位，永遠不必讓他煩惱

# 第二篇

# 高績效主管養成的外在因素篇

# 第48堂

# 我們一定要協助客戶成功，全心全意，成就客戶

一　對B2B客戶：全心全意，成就客戶

二　如何養成？

# 我們一定要協助客戶成功，全心全意，成就客戶

## 一、對B2B客戶：全心全意，成就客戶

企業如果是做外銷生意的，則必須對B2B客戶要能全心全意，成就客戶；只有客戶成功、成長，我們的外銷訂單才會持續，也才會有高績效產生。因此，我們（外銷廠商）一定要做到如下圖示的幾項重點：

**圖48-1　對國外B2B客戶的工作九個重點**

| | | |
|---|---|---|
| 1.最高品質、最穩定品質的產品 | 2.最高技術升級的功能 | 3.最合理的報價 |
| 4.最穩定的交貨量 | 5.最準時的交貨期 | 6.最長期的信賴度 |
| 7.最快速的服務 | 8.最完整的total solution（解決方案） | 9.最具高CP值、高競爭力的優質好產品 |

## 二、如何養成？

企業各級主管如何養成這些方面的成就，如下圖示：

**圖48-2　如何養成對國外B2B客戶成就他們？**

| | |
|---|---|
| 1.<br>永遠走在客戶需求與期待的前面 | 2.<br>永遠保持自己的技術、品質、服務進步，而使客戶願意跟著你走 |
| 3.<br>永遠關注客戶在國外所在市場的變化及趨勢，而知所因應 | 4.<br>永遠堅定一顆心：使客戶成功，我們才會成功 |

# 第49堂

# 培養「情報（資訊）」的必要意識

一　情報（資訊）的種類

二　如何養成？

# 培養「情報（資訊）」的必要意識

## 一、情報（資訊）的種類

企業經營，一定要有隨時搜集產業與市場情報的習慣及制度才行，這些情報資訊種類，如下：

**圖49-1　產業與市場情報的種類**

| | | |
|---|---|---|
| 1.整個產業的變化情報 | 2.整個市場的變化情報 | 3.主力競爭對手情報 |
| 4.新加入競爭者情報 | 5.消費者變化情報 | 6.上游廠商變化情報 |
| 7.下游零售商情報 | 8.市場展店數情報 | 9.國內外經濟景氣變化情報 |
| 10.地緣政治變化情報 | 11.全球利率、匯率變化情報 | 12.供應鏈變化情報 |
| 13.科技變化情報 | 14.市場新需求、新商機情報 | 15.國內消費力變化情報 |

## 二、如何養成？

企業各級主管應如何養成搜集產業及市場的變化情報資訊？如下圖示：

**圖49-2　如何養成搜集情報的習性？**

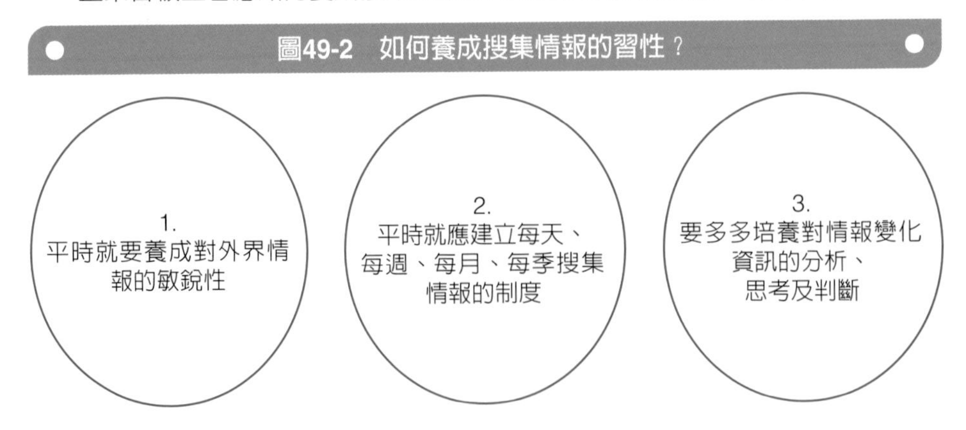

# 第50堂

# 看到別人沒看到的

一 示例

二 如何養成？

# 看到別人沒看到的

## 一、示例

企業各級主管要創造出好績效，必須有種能力：即，「看到別人沒看到的」。示例如下：

圖50-1　企業經營「看到別人沒看到的」示例

| | | |
|---|---|---|
| 1.美國輝達公司黃仁勳對AI科技的率先投入 | 2.美國特斯拉（Tesla）電動車 | 3.王品26個餐飲品牌 |
| 4.統一超商大店化 | 5.統一超商CITY CAFE | 6.民視娘家保健食品 |
| 7.台灣虎航低價航空 | 8.全聯超市 | 9.美國Netflix串流影音平台 |

## 二、如何養成？

圖示如下：

圖50-2　如何養成企業「看到別人沒看到的」？

| | | |
|---|---|---|
| 1. 公司成立「前瞻小組」，由專人、專小組負責，每月提報 | 2. 養成全員、全部門預先創新、創造的眼光及行動 | 3. 鼓勵全員勇於嘗試，不怕失敗 |
| 4. 提前看到消費者未被滿足的需求，捷足先登 | 5. 提前看到市場的缺口及新商機 | 6. 全員集體集思廣益開動腦會議 |

# 第51堂

# 要能跟上時代與環境變化及掌握社會脈動

一　高效主管必須及時、快速掌握環境變化及社會脈動

二　高效主管如何養成？

# 要能跟上時代與環境變化及掌握社會脈動

## 一、高效主管必須及時、快速掌握環境變化及社會脈動

企業各級主管，特別是：業務、行銷、策略、企劃、技術、研發、新品開發、採購等部門的各級主管，要特別注意、及時、快速、有效的掌握環境變化、趨勢及社會脈動，才能有成效的經營好企業。茲圖示如下十多種環境的變化及社會脈動：

圖51-1　環境變化與社會脈動之項目

| | | |
|---|---|---|
| 1.少子化變化 | 2.老年化／高齡化變化 | 3. AI化變化 |
| 4.國內外經濟景氣變化 | 5.進、出口變化 | 6.政府政策變化 |
| 7.國民所得與消費力變化 | 8.消費行為變化 | 9.競爭對手加入變化 |
| 10.疫情變化 | 11.原物料成本變化 | 12.利率、匯率變化 |
| 13.地緣政治變化 | 14.能源、電力變化 | 15.中國／美國兩大國競爭變化 |
| 16.全球供應鏈變化 | 17.跨業競爭變化 | 18.零售通路結構變化 |

## 二、高效主管如何養成？

企業各級高效主管幹部，要如何養成具有這些觀察力、洞察力及解讀力呢？主要需要努力做到：

（一）每天閱讀、關注各媒體的新聞內容報導（包括：財經電視媒體、報紙媒體、財經雜誌媒體、網路新聞媒體等）

（二）每天關注POS銷售資訊系統的改變數據及趨勢

（三）每週與第一線營業人員、門市店長、櫃長等開會討論

（四）赴國內外看展、參展

（五）赴國外市場、國家考察、參訪

（六）來自上游供應商的訊息

（七）關注來自下游零售商的訊息

（八）閱讀政府各項數據發布

（九）閱讀各種市調報告的訊息

（十）閱讀各種專題性產業報告

**圖51-2　高效主管如何養成對環境變化、趨勢及脈動的掌握及洞悉**

1.每天閱讀各種媒體的新聞報導

2.每天關注POS銷售資訊數字的變化

3.定期與第一線營業人員、門市店長、櫃長討論

4.定期赴國內外看展、參展

5.赴國外市場參訪

6.注意來自上游供應商的訊息

7.關注來自下游零售商的訊息

8.注意政府各項數據發布

9.閱讀各種市調報告內容

10.閱讀各種產業專題分析報告

# MEMO

# 第52堂

# 要具備前瞻眼光、洞悉未來、解讀未來、掌握未來

一　具備前瞻眼光，能洞悉、解讀未來

二　高效主管如何養成這方面能力？

# 要具備前瞻眼光、洞悉未來、解讀未來、掌握未來

## 一、具備前瞻眼光，能洞悉、解讀未來

企業各級高效主管、幹部，不要只看到近處、短期；要能看向遠處，看到十年、二十年後，企業發展遠景及產業變化情況。例如：

1. NVIDIA（輝達）、AMD（超微）蘇姿丰對AI（人工智慧）就是很好的前瞻眼光案例
2. 電信手機4G、5G、6G的前瞻眼光
3. 電動車、自駕車的前瞻眼光
4. AI晶片、AIPC、AI手機、AI伺服器、AINB的前瞻眼光
5. 統一超商2035年的1萬店前瞻眼光
6. 王品餐飲集團：從4個餐飲品牌→目前26個餐飲品牌→未來上看50個餐飲品牌的前瞻眼光
7. 老年化時代藥局連鎖化及保健食品新商機的前瞻眼光
8. 近幾年國內旅遊、航空、零售業、餐飲業事業都有顯著成長的前瞻眼光

圖52-1

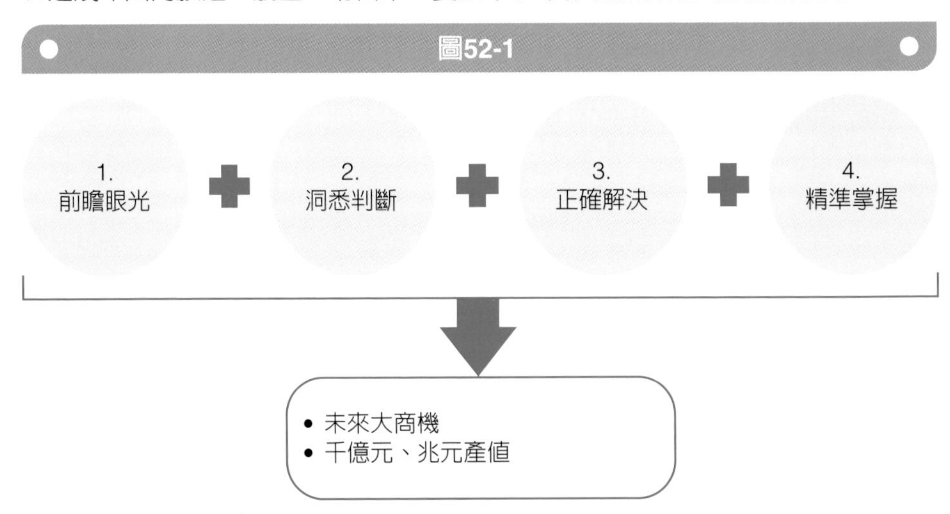


## 二、高效主管如何養成這方面能力？

企業內部組織應有下列幾種作法：

（一）成立高階主管（副總經理）的前瞻眼光與洞悉能力「育成高級班」

（二）在各種經營決策會議上，董事長及總經理均應不斷要求、勉勵各高階主管，應具備「前瞻眼光」的下決策思維及能力

（三）高階主管自行組成讀書會，研讀相關前瞻眼光的專書，並且個人加以學習與討論

（四）公司應組成實際有專人負責的「前瞻事業辦公室」或「小組」、或「委員會」，來專責負責



**圖52-2　高效主管應如何養成「前瞻眼光」的能力？**

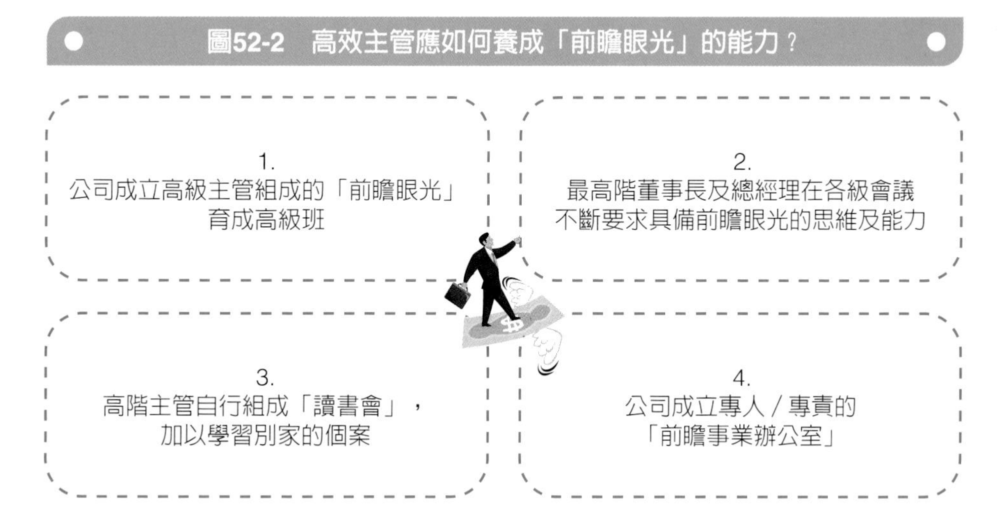

MEMO

# 第53堂

# 超前部署、布局未來十年的事業戰略發展與成長

一　超前部署，布局未來十年計劃

二　成立「經營企劃處」

三　高效主管如何養成？

# 超前部署、布局未來十年的事業戰略發展與成長

## 一、超前部署，布局未來十年計劃

做為一位企業擔任高階的高效主管，一定要有「布局十年計劃」的胸襟及眼光，此即：要為未來事業的短／中／長期做好準備，能未雨綢繆，才能有備無患，人無遠慮，必有近憂。

圖53-1

- 超前部署
- 布局十年計劃！

## 二、成立「經營企劃處」

企業內部組織，應成立「經營企劃處」或「戰略規劃處」，專責企業短／中／長期事業發展及永續成長的重大使命。

圖53-2

「經營企劃部」、「戰略規劃部」

專責布局十年的短／中／長期事業成長任務

## 三、高效主管如何養成？

企業組織內部高階主管如何養成這方面的思維、素養及能力呢？主要有：

（一）應要求各事業總部主管、各子公司主管、各品牌主管，都要訂定布局十年計劃書

（二）公司要用十年眼光來考核各事業部、各公司、各品牌的經營績效及獎賞

（三）最高階董事長要不斷在各種會議說明此種觀念及思維力

## 圖53-3　布局十年計劃，如何養成？

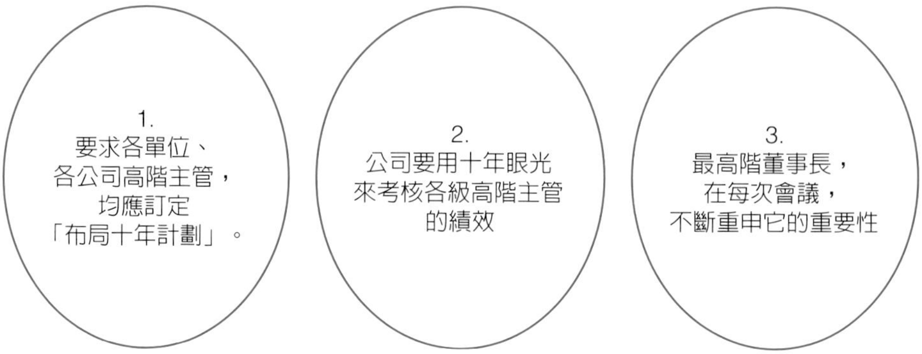

1\.
要求各單位、
各公司高階主管，
均應訂定
「布局十年計劃」。

2\.
公司要用十年眼光
來考核各級高階主管
的績效

3\.
最高階董事長，
在每次會議，
不斷重申它的重要性

MEMO

# 第54堂

# 要打造出經濟規模化，才能持續擴大領先優勢

一 唯有經濟規模化，才能持續領先優勢

二 欲達成經濟規模化之準備事項

三 高效主管如何養成經濟規模化觀念？

# 要打造出經濟規模化，才能持續擴大領先優勢

## 一、唯有經濟規模化，才能持續領先優勢

企業各級主管、幹部及領導者，必須知道，在企業高度競爭中，唯有放大、打出它的經濟規模化，才能真正、長期的領先競爭對手。例如：下圖各行業的第一名業者，就是達成了經濟規模化的案例。

圖54-1　各行業第一名的經濟規模化

| | | |
|---|---|---|
| 1. 7-11<br>（7,000店規模） | 2.全聯<br>（1,200店規模） | 3.家樂福<br>（330店） |
| 4.星巴克<br>（400店） | 5.寶雅<br>（400店） | 6.王品<br>（220店） |
| 7.新光三越<br>（19館） | 8.美廉社<br>（800店） | 9.大樹藥局<br>（270店） |
| 10.八方雲集<br>（1,000店） | 11. 50嵐<br>（500店） | 12.和泰汽車<br>（14萬輛） |

## 二、欲達成經濟規模化之準備事項

任何企業，欲達成經營規模上擴大化、領先化，它必須提前準備好6大項目：

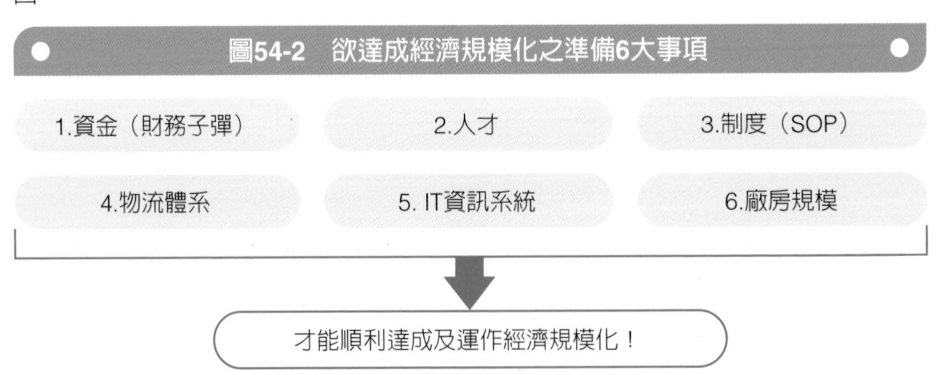

圖54-2　欲達成經濟規模化之準備6大事項

## 三、高效主管如何養成經濟規模化觀念？

企業各級主管，如何養成經濟規模化的競爭優勢呢？如下列4點：

（一）公司在政策上及戰略上的第一大指引要求項目，各級主管務必遵守及達成

（二）對企業各級主管在企管上課基礎知識的養成及傳授

（三）在實務歷練中的養成

（四）觀察各行業第一名領先的案例

圖54-3　企業各級主管如何養成經濟規模化

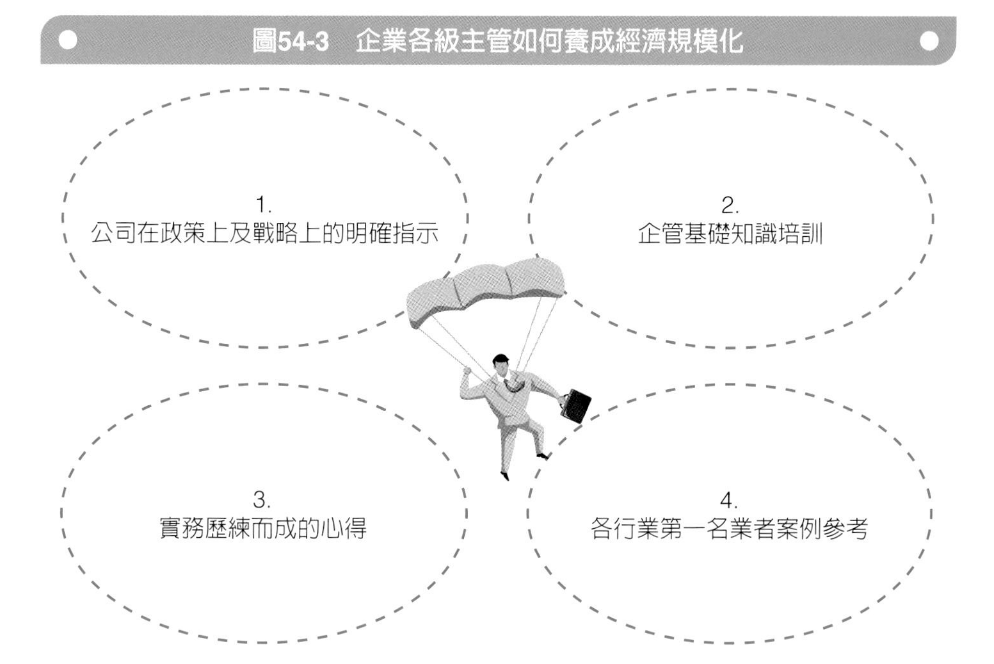

MEMO

# 第55堂

# 要未雨綢繆、要有備無患、要預做好各項應變計劃

一　隨時有備無患

二　各種應變計劃

三　如何養成應變計劃觀念？

# 要未雨綢繆、要有備無患、要預做好各項應變計劃

## 一、隨時有備無患

企業經營，受到外在大環境及內部條件的變化很多，因此要隨時未雨綢繆、有備無患，做好各種狀況下的應變計劃，避免到時手忙腳亂，應付不及。

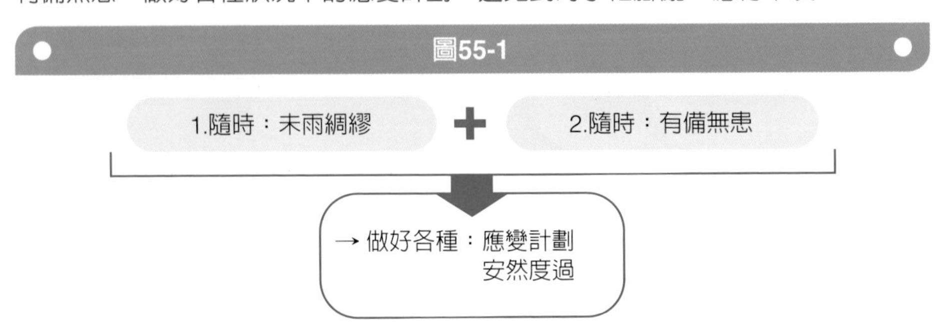


## 二、各種應變計劃

企業面對的各種應變計劃，如下圖示：

圖55-2　企業各種應變計劃

| | | |
|---|---|---|
| 1.大地震應變計劃 | 2.大火災應變計劃 | 3.大水災應變計劃 |
| 4.氣候（太冷、太熱）應變計劃 | 5.全球疫情應變計劃 | 6.戰爭應變計劃（中美／兩岸） |
| 7.強大競爭對手加入市場應變計劃 | 8.原物料上漲或缺料應變計劃 | 9.產品遭下架應變計劃 |
| 10.工會（工人）抗爭應變計劃 | 11.食安應變計劃 | 12.缺電／缺水應變計劃 |

## 三、如何養成應變計劃觀念？

如下圖示：

圖55-3 如何養成應變計劃觀念

1\. 平時，就要求各部門、各工廠、各中心、各公司做好各種應變計劃

2\. 要形成公司制度化的重要一環

# MEMO

# 第56堂

# 看懂賽局，找到對的賽道

一　看懂賽局，找到對的賽道

二　如何養成會看懂賽局及賽道

# 看懂賽局，找到對的賽道

## 一、看懂賽局，找到對的賽道

企業經營要成功，最重要的就是要能看懂整個賽局，並找到對的賽道（即商機）。如下圖，為近期國內經營對的賽局及賽道：

圖56-1　對的賽局及賽道案例

| | | |
|---|---|---|
| 1.AI賽道 | 2.電動車賽道 | 3.老年化保健食品賽道 |
| 4.老年化藥局連鎖賽道 | 5.國外旅遊及航空賽道 | 6.半導體賽道 |
| 7.進口豪華車賽道 | 8.超商展店賽道 | 9.超市展店賽道 |
| 10.各式餐飲賽道 | 11.大型購物中心賽道 | 12.先進晶片賽道 |

## 二、如何養成會看懂賽局及賽道

如下圖示：

圖56-2　如何養成會看懂賽局及賽道？

1. 平常養成多搜集、分析、判斷國內外各種產業及市場的資訊情報
2. 多出國考察、參展、參訪
3. 多出席各種產業研討會
4. 多了解供應鏈上、中、下游的變化及地點改變
5. 多從資本／股票市場觀察漲跌變化

# 第57堂

# 併購是追求企業快速成長、壯大的一種方式

| | |
|---|---|
| 一 | 國內併購企業成功案例 |
| 二 | 併購的優點 |
| 三 | 併購注意點 |
| 四 | 如何養成併購思維及行動？ |

# 併購是追求企業快速成長、壯大的一種方式

## 一、國內併購企業成功案例

國內較大型企業，都是透過併購（M&A）手法而不斷追求成長與壯大的，如下圖示案例：

**圖57-1　透過併購而壯大的案例**

| | | |
|---|---|---|
| 1.鴻海集團 | 2.佳世達集團 | 3.全聯超市 |
| 4.統一企業 | 5.遠東集團 | 6.富邦金控 |
| 7.國泰金控 | 8.元大金控 | 9.台哥大電信 |
| 10.遠傳電信 | 11.國巨集團 | 12.台達電 |

## 二、併購的優點

併購策略的使用，有如下優點：

**圖57-2　併購策略的優點**

1. 快速擴大經濟規模及降低成本
2. 快速獲得對方的人才團隊
3. 快速獲得對方的高技術及IP智慧財產權
4. 快速增加營收額及獲利額的規模
5. 可產生經營綜效

## 三、併購注意點

併購應注意如下幾點：

### 圖57-3　併購注意點

1.
重大虧損公司或救不起來
的公司，切勿併購，
會成失敗案例

2.
併購公司內，如有好的
人才團隊，儘量勿引起人事
換人的震盪

## 四、如何養成併購思維及行動？

如下圖示：

### 圖57-4　如何養成併購思維及行動？

1.
公司宣布併購是公司
正確方向、策略及
基本政策

2.
用實際併購參與去
深化思維

3.
分析、觀察同業或
異業併購成功案例
及成效

MEMO

# 第58堂

# 七成做現在事，三成做未來事

一　中低階主管100%做現在事

二　高階主管花3成時間，做未來的事

三　如何養成高階主管3成時間做未來的事？

# 七成做現在事，三成做未來事

## 一、中低階主管100%做現在事

企業內部的低階主管，例如：股長、組長、課長、襄理、副理、甚至到經理等職位，他們每天要做的事，就是要做好今天的事、現在的事、當前的事；做好了這些，就是一個盡職負責的良好基層幹部。

圖58-1

中低階主管，100%時間，做好現在的事

組長、股長、課長、店長、襄理、副理、經理

## 二、高階主管花3成時間，做未來的事

企業在協理、處長、總監、副總、總經理、執行董事等高階主管，每天則要花3成時間，做未來的事、布局未來、未雨綢繆，而且是比較戰略性而不是戰術性的工作及思考。

圖58-2

協理、處長、總監、副總經理、總經理、執行董事等高階主管

每天花3成時間，思考及規劃、布局未來的事

## 三、如何養成高階主管3成時間做未來的事？

圖58-3　高階主管花3成時間做未來的事

**70%時間**

做現在的事，做好今年營收及獲利的順利達成

**30%時間**

要布局未來3～5年的成長型預算目標、人力規劃安排、資金來源、技術升級、展店加速！

# 第59堂

# 精準洞察需求，快速研發生產，成爲客戶難以替換的關鍵夥伴

一　示例

二　如何養成？

# 精準洞察需求，快速研發生產，成為客戶難以替換的關鍵夥伴

## 一、示例

下列企業都是能夠精準洞察需求，並快速研發生產的極佳企業，如下圖示：

圖59-1　精準洞察需求，快速研發生產之示例

| 1.台積電 | 2.廣達 | 3.聯發科 |
| --- | --- | --- |
| 做出高製造良率的3奈米、2奈米、1奈米先進晶片；公司股價上千元 | 率先做出優質研發的AI伺服器，供應輝達（NVIDIA）AI公司 | IC設計領先各業界 |

| 4.大立光 | 5.鴻海 | 6. AIPC |
| --- | --- | --- |
| 手機鏡頭最先進研發 | 始終是17年的蘋果手機iPhone代工廠 | 緯創、英業達、acer、ASUS、技嘉等 |

## 二、如何養成？

企業各級主管如何養成能夠精準洞察市場及客戶需求，而且能快速研發生產？

圖59-2　如何養成能夠精準洞察需求，而且能夠快速研發生產？

1. 公司應成立一個「市場與客戶需求洞察小組」專人、專責此事，每月提出分析報告及建議

2. 公司持續強化研發（R&D）與技術部門的優秀且創新人才團隊；再搭配經驗豐富的製程技術人才團隊

# 第60堂

# 明確自身優勢與市場機會

一　明確自身優勢

二　示例

三　如何養成？

# 明確自身優勢與市場機會

## 一、明確自身優勢

企業各級主管，必須真正明確自己公司的競爭優勢在那裡，在激烈競爭的市場中，才能勝出；企業可有如下的優勢（advantage/strength）：

圖60-1　企業應明確自身的優勢

| | | |
|---|---|---|
| 1.產品先入優勢 | 2.技術優勢 | 3.設計優勢 |
| 4.品質優勢 | 5.動能優勢 | 6.好用優勢 |
| 7.門市店數優勢 | 8.連鎖化優勢 | 9.國內外名牌優勢 |
| 10.經濟規模化優勢 | 11.財務優勢 | 12.人才優勢 |

## 二、示例

如下圖示：

圖60-2　企業自身優勢示例

| | | |
|---|---|---|
| 1.喜年來做蛋捲 | 2.星巴克做連鎖咖啡館 | 3.統一超商7,000家門市店第一名 |
| 4.全聯超市1,200店全台第一 | 5.王品餐飲28個多品牌優勢第一 | 6.寶雅400店美妝＋日用品店優勢 |
| 7.鼎泰豐小籠包優勢第一 | 8.和泰汽車每年出新車型優勢 | 9.LV、CHANEL、HERMÈS國外品牌優勢 |
| 10.三陽機車設計優勢 | 11.優衣庫（Uniqlo）國民服飾優勢 | 12.大樹藥局連鎖優勢 |

## 三、如何養成？

如下圖示：

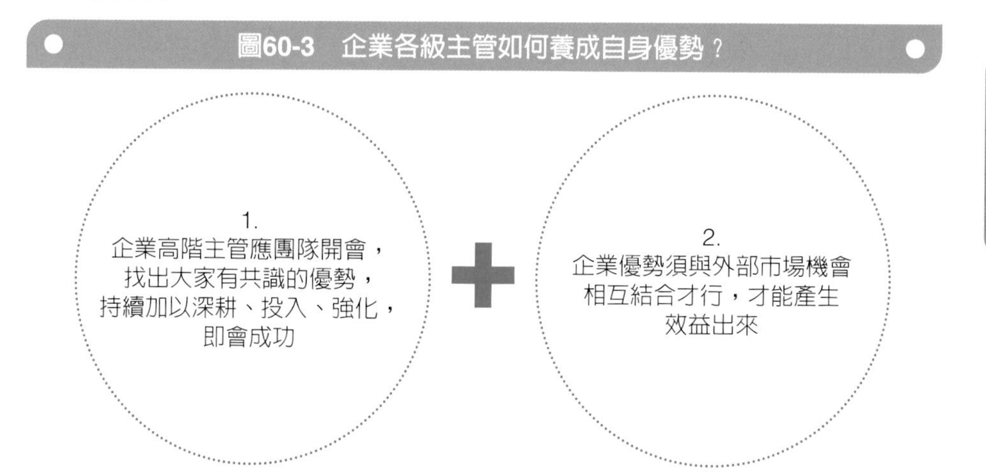
圖60-3　企業各級主管如何養成自身優勢？
1.
企業高階主管應團隊開會，
找出大家有共識的優勢，
持續加以深耕、投入、強化，
即會成功
2.
企業優勢須與外部市場機會
相互結合才行，才能產生
效益出來

MEMO

# 第61堂

# 從銷售產品到銷售體驗與服務

一　賣產品＋賣體驗＋賣服務

二　如何養成？

# 從銷售產品到銷售體驗與服務

## 一、賣產品＋賣體驗＋賣服務

企業各級主管要創造出好績效出來，一定要做好3合1，即：賣產品＋賣體驗＋賣服務。

**圖61-1　企業自身優勢示例**

賣產品＋賣體驗＋賣服務

- 才能使顧客滿意
- 才能提升業績！

例如：百貨公司、購物中心、便利商店、超市、量販店、名牌專賣店、豪華車專賣店、outlet

## 二、如何養成？

如下圖示：

**圖61-2　如何養成：賣產品＋賣體驗＋賣服務**

1. 公司告訴各級主管，此係公司最高經營政策
2. 公司要持續投資裝潢的升級
3. 公司對全體員工教育訓練，建立全體共識
4. 高層主管每次開會，一再強調
5. 經常性主辦各種讓顧客驚喜的體驗活動

# 第62堂

# 只有回到消費需求，才是關鍵：「讓顧客不要離開我」

一　消費需求，才是關鍵

二　能滿足消費者需求，顧客就不會離開

三　如何養成？

# 只有回到消費需求，才是關鍵：「讓顧客不要離開我」

## 一、消費需求，才是關鍵

消費者有需求，才會想購買，才會有好業績。故掌握消費需求，才是最重要的事。例如：統一超商CITY CAFE一年賣3億杯，代表消費者對此種模式的咖啡有很大需求；另外，賣汽車、賣餐飲、出國旅遊、買房子等都是有很大需求。

**圖62-1**

只有回到消費需求

才是做業績成長的關鍵！

## 二、能滿足消費者需求，顧客就不會離開

那麼，企業要如何才能滿足消費者真正需求，顧客才不會離開？如下：

**圖62-2　能滿足消費者需求，顧客就不會離開**

| | | | |
|---|---|---|---|
| 1.產品真的好 | 2.有好口碑 | 3.價格合理、具高CP值 | 4.真的物美價廉 |
| 5.服務好，很滿意 | 6.能滿足消費者的需求及期待 | 7.優於其他競爭品牌 | 8.外觀、內裝設計好看 |
| 9.非常方便買得到 | 10.用後，滿意度高 | 11.有創新的感受 | |

## 三、如何養成？

**圖62-3　如何養成消費者觀念？**

| | | | |
|---|---|---|---|
| 1.<br>各級主管先上課、先學習「行銷學」基本知識 | 2.<br>永遠把顧客需求放在經營事業的第一位及頭等大事 | 3.<br>建立永遠心中顧客第一的思維及想法 | 4.<br>在每天實務中，如何去實踐滿足顧客的需求、期待、驚喜！ |

# 第63堂

# 爲客戶（顧客）創造不可或缺與進步的價值

一　客戶要什麼價值？

二　如何養成？

# 為客戶（顧客）創造不可或缺與進步的價值

## 一、客戶要什麼價值？

企業經營，不管是做B2B客戶或B2C顧客，一定要知道及提供給他／她們要的價值（value），產品才能賣得出去，如下圖示：

**圖63-1　客戶要什麼價值**

| | | |
|---|---|---|
| 1.物美價廉的價值 | 2.先進技術的價值 | 3.高CP值的價值 |
| 4.高品質的價值 | 5.有名牌的價值 | 6.設計新穎、驚豔的價值 |
| 7.永保新鮮、新創的價值 | 8.定價平價、親民的價值 | 9.服務快速、貼心、親切的價值 |
| 10.耐用、耐操、故障少、壽命長的價值 | 11.具獨特性、差異化價值 | |

## 二、如何養成？

如下圖示

**圖63-2　如何養成為客戶創造價值？**

1. 要能真正了解及超前滿足客戶的需求與期待
2. 要保持公司自身的持續性進步價值
3. 從各種領域，做好創新領先的價值
4. 強化能創造價值的各部門優秀人才團隊

# 第64堂

# 應充分了解及掌握好本行業的未來發展趨勢

一　各行各業有不同的未來發展趨勢

二　要掌握哪些未來發展趨勢項目？

三　如何養成？

# 應充分了解及掌握好本行業的未來發展趨勢

## 一、各行各業有不同的未來發展趨勢

如下圖示：

## 二、要掌握哪些未來發展趨勢項目？

如下圖示：

圖64-2　各級主管要掌握哪些未來發展趨勢項目

| | | |
|---|---|---|
| 1.此行業未來仍能夠成長的空間有多大？ | 2.市場銷售規模有多大？ | 3.未來展店空間有多大？ |
| 4.未來新品開發方向在哪裡？ | 5.未來客層擴大性在哪裡？ | 6.同業與跨業的競爭性如何？ |
| 7.未來營運成本上升如何？ | 8.未來技術研發方向為何？ | 9.未來本行業競爭的重點在哪裡？ |
| 10.未來價格向上或向下的演變？ | 11.外觀與內裝設計的變化？ | 12.門市店創新的趨勢 |
| 13.未來獲利率、毛利率仍能保持嗎？ | 14.採購成本是否會上升？ | 15.客戶未來的需求性在哪裡？ |

## 三、如何養成？

企業各級主管要如何養成本行業未來發展方向與趨勢有敏銳的觀察及掌握？如下圖示：

圖64-3　企業各級主管如何養成本行業未來發展方向與趨勢

| | | |
|---|---|---|
| 1. 每日搜集公司內部POS銷售資料數據及研判 | 2. 平時應多到第一線去多看、多問，以搜集消費者資訊情報 | 3. 平時，多看一些產業報告、市調報告及媒體報導 |
| 4. 參考國外先進國家的行業趨勢 | 5. 與團隊多討論、多動腦、多集思廣益 | 6. 平時，要自我培養未來前瞻性的遠見與思維 |

MEMO

# 第65堂

# 要重視顧客滿意度

一　何謂CS經營學？

二　如何做「顧客滿意度」調查？

三　如何養成？

# 要重視顧客滿意度

## 一、何謂CS經營學？

日本人提出CS經營學（即：顧客滿意經營學；Customer Satisfaction），亦即指日本企業高度重視顧客的滿意度，並認為做好顧客滿意度，顧客就會不斷的回購、回店、再購。

**圖65-1**

CS經營學

重視「顧客滿意度」的經營學

## 二、如何做「顧客滿意度」調查？

有如下圖示3種主要方法：

**圖65-2　做好顧客滿意度3種方法**

| 1.市調法 | 2.店面詢問法 | 3.神秘客調查法 |
| --- | --- | --- |
| 即利用紙本、手機App、電腦e-mail、電話等管道，向顧客詢問各項的滿意度 | 即在門市店內，隨機詢問顧客的意見 | 即委託神秘客扮演一般顧客去店裡面消費，並去實際了解感受滿意度如何 |

## 三、如何養成？

企業各級主管應如何養成有顧客滿意度的認知呢？如下圖示：

**圖65-3　如何養成各級主管有顧客滿意度認知**

| 1. | 2. | 3. | 4. |
| --- | --- | --- | --- |
| 建立制度，每年委外或自身，做一次顧客滿意度調查，引起各級主管重視 | 董事長開會時，多次強調 | 納入門市店及各相關單位的考核項目，引起重視 | 每年提出改善意見及作法，以求滿意度達90%以上高水準 |

# 第66堂

# 什麼都做，什麼都不特別——創造差異化、特色化

一　什麼都做，什麼都不特別的缺點

二　差異化、特色化示例

二　如何養成？

# 什麼都做，什麼都不特別——創造差異化、特色化

## 一、什麼都做，什麼都不特別的缺點

企業各級主管應認知到：當你的產品什麼都沒特點、特色時的缺點。

圖66-1　產品缺乏特色及差異化之缺點

| 1.定價會較低 | 2.獲利會較低 | 3.顧客再回購率會較低 | 4.顧客對品牌印象不深刻、不會有好口碑 |
|---|---|---|---|

## 二、差異化、特色化示例

示例如下：

圖66-2　差異化、特色化示例

| | | |
|---|---|---|
| 1.台灣好市多（Costoc美式賣場） | 2. 7-11大店化 | 3.特斯拉（Tesla）電動車 |
| 4. iPhone手機 | 5.台灣虎航（低價航空，專跑日本、韓國） | 6. TVBS新聞台 |
| 7.民視八點檔連續劇 | 8.三立超級紅人榜節目 | 9.娘家保健食品 |

## 三、如何養成？

圖示如下：

圖66-3　如何創造差異化、特色化的產品及服務

1.要建立強大、有創意、能創新的研發部及新品開發部

2.董事長下指示不具差異化、特色化產品絕不開發

3.納入制度化要求

4.形成企業文化的一環

5.對創新、創意人員及部門給予大大獎賞

# 第67堂

# 分散風險，保持本業不動搖

一　經營事業要分散風險

二　保持本業不動搖

三　如何養成？

# 分散風險，保持本業不動搖

## 一、經營事業要分散風險

企業各級主管必須知道，企業要保持高績效，一定要分散風險，而且持續朝向多元化事業、多元化產品、多元化店型、多元化品牌發展才行。例如：像統一企業、統一超商、遠東集團、富邦集團、王品餐飲、P&G、Unilever（聯合利華）、雀巢、鴻海集團……等均是如此，所以，事業規模愈來愈大、愈來愈穩固。

圖67-1　經營事業要分散風險，且朝多元化發展

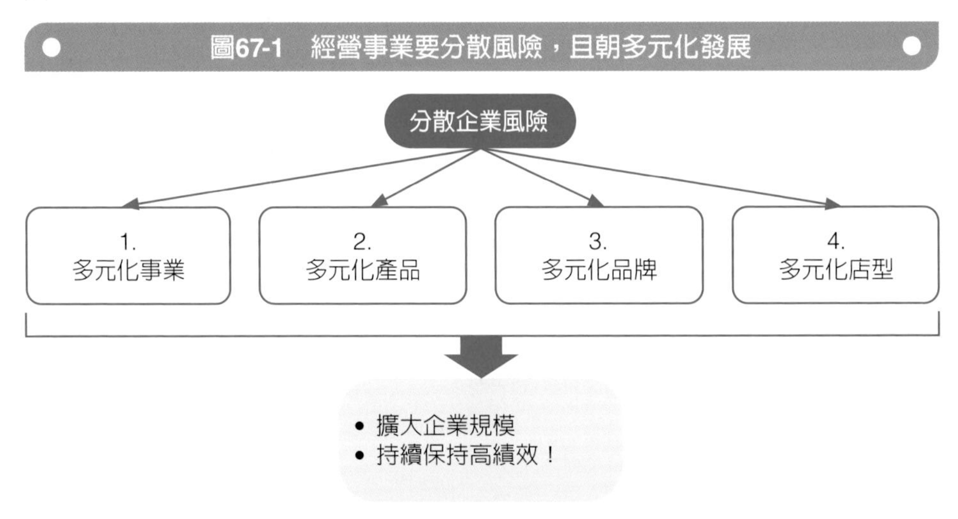


## 二、保持本業不動搖

企業為擴大事業規模，雖朝多元化、多角化事業發展，但企業應注意它「本業」或「主業」絕不能動搖，或被其他多角化事業拖累傷害，而影響到本業。例如：富邦金控集團，雖有台哥大電信及momo電商平台，但它的本業仍會是金控集團。

圖67-2

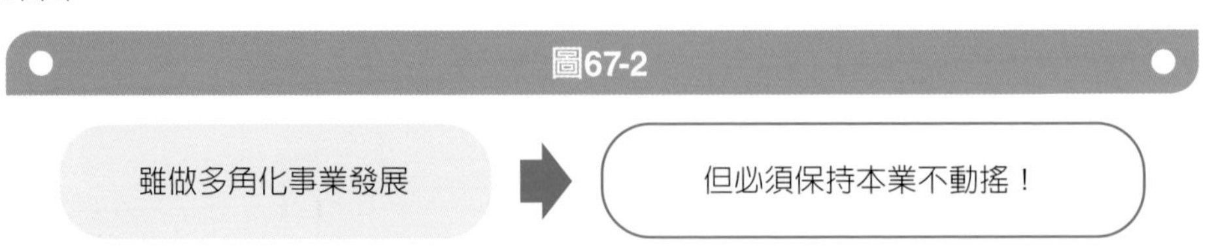

## 三、如何養成？

**圖67-3　如何養成成功的、高績效多元化事業？**

1.
訂定十年集團有序
成長的布局戰略規劃

2.
抓住外在環境出現的
新商機、新契機

3.
確保多元化事業投資，
萬一失敗，
不會影響本業！

MEMO

# 第68堂

# 內銷產品行業，必須做好行銷八項戰鬥力組合：4P/1S/1B/2C

一 做好產品力（Product）

二 做好定價力（Price）

三 做好通路力（Place）

四 做好推廣力（Promotion）

五 做好服務力（Service）

六 做好品牌力（Branding）

七 做好企業社會責任力（CSR）

八 做好會員經營力（CRM）

# 內銷產品行業，必須做好行銷八項戰鬥力組合：4P/1S/1B/2C

徹底做好、做強——行銷致勝最根本的8項戰鬥力組合——行銷4P/1S/1B/2C

根據訪問數十位企業實務界行銷經理人，以及我的個人過去工作經驗，可以歸納出，一個產品的暢銷、要賺錢、要持續下去，最核心根本點，就是要努力做好、做強下列所述的行銷8項戰鬥力組合體：

## 一、做好產品力（Product）

公司的產品，一定要做到：高品質、好品質、高顏值、好用、耐看、好看、好吃、有口碑、功能強大、不易故障、設計佳、技術升級、有保證、安全的、產品值得信賴的、使用後體驗感良好的、體驗值高的，真正優質好產品。

## 二、做好定價力（Price）

公司在產品定價上，要努力做到：平價的、高CP值的、物超所值的、高CV值的、庶民／親民價格的、花錢值得的、下次會有再想買的念頭、定價合理的、定價沒有暴利的、定價與產品價值相符合的、定價與其他品牌比較是有競爭力的。

## 三、做好通路力（Place）

公司產品在通路上架上，一定要做到：主流零售通路能上架，網購通路也能上架的全通路上架的優勢，真正做到OMO（線上＋線下融合）。能夠提供給顧客最方便、24小時、最快速、最便利、最容易找到、買到的狀況。

## 四、做好推廣力（Promotion）

公司產品在各種媒體上是有做廣告宣傳的，是有大量媒體報導露出的、是有做定期促銷優惠活動的、是有藝人代言的、是有網紅KOL推薦的、是有做多場體驗活動的、是有強大的專櫃／門市店銷售人員組織團隊的、是有做公益行銷的、是有做公關活動的。

## 五、做好服務力（Service）

公司在售前、售中及售後服務上面，有真正做到：親切、貼心、快速、有溫度的、能解決問題的、維修價格合理的、快速到宅的、令人感動的、客製化的、有尊榮感的真正好服務，令顧客滿意度很高。

## 六、做好品牌力（Branding）

能有高的品牌知名度、好感度、喜愛度、指名度、信賴度、忠誠度、黏著度、情感度、認同度……等目標。能長期持續投資在品牌身上，也能長期守住及提升品牌資產價值的，才是會令顧客長期性、高回購率的好品牌。

## 七、做好企業社會責任力（CSR）

公司必須能發揮慈悲心，善盡企業應盡的社會責任，亦即：多幫助貧困、偏鄉、病患、低薪、底層的捐助及贊助義舉。另外，也須做好對環境的保護，盡力做到減碳、減塑目標。

## 八、做好會員經營力（CRM）

服務業及零售業，必須發行會員卡，給會員有折扣優惠、有紅利集點回饋、重視VIP會員特別對待，做好老顧客／主顧客優惠；能維繫好與會員們的長期友好關係，能守住VIP會員的高留存率（retention），鞏固住這些主顧客、熟客、VIP會員的長期回購率及回店率。

圖68-1　打造出好的品牌力的七個度（品牌資產價值）

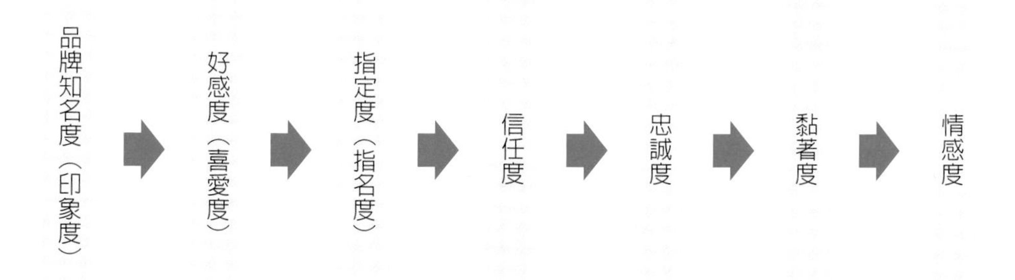

圖68-2　同時必要做好、做強行銷4P/1S/1B/2C八項戰鬥力組合體

- 行銷致勝、成功
- 產品必定能暢銷
- 業績必能長紅
- 創造出市場第一名地位

圖68-3　做好、做強行銷致勝的八項戰鬥力組合暨其他相關事項

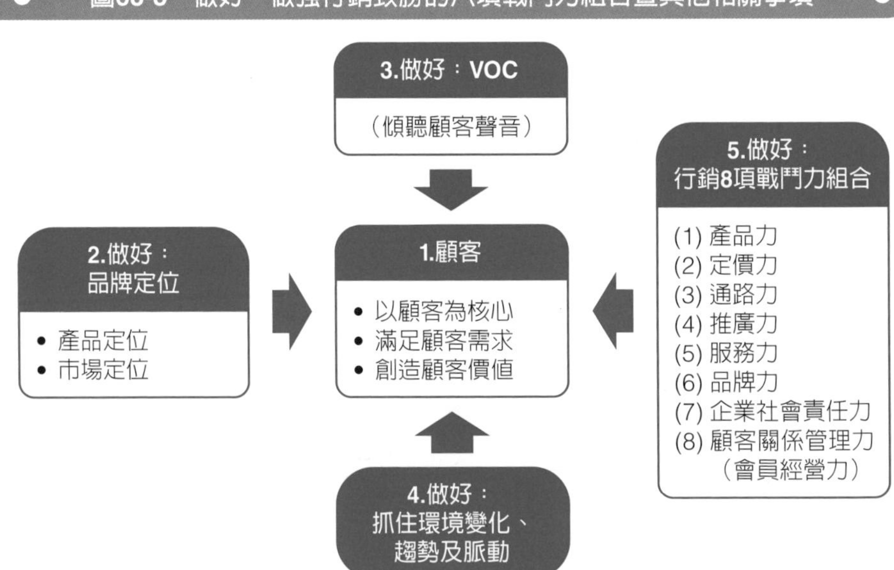

## 圖68-4　做好行銷4P/1S/1B/2C八項戰鬥力的負責單位

**1.產品力**

(1) 主要負責：
- 商品開發部
- 研發部

(2) 協助：
- 行銷部、製造部、業務部

**2.定價力**

(1) 主要負責：
- 業務部（營業部）

(2) 協助：
- 行銷部、會計部

**3.通路力**

(1) 主要負責：
- 業務部（營業部）
- 物流部

**4.推廣力**

(1) 主要負責：
- 行銷部

(2) 協助：
- 業務部

**5.服務力**

(1) 主要負責：
- 客服部

(2) 協助：
- 門市部

**6.品牌力**

(1) 主要負責：
- 行銷部

(2) 協助：
- 委外各專業公司

**7.企業社會責任力**

(1) 主要負責：
- 新成立「ESG部門」

(2) 協助：
- 各部門

**8.會員經營力**

(1) 主要負責：
- 會員經營部

(2) 協助：
- 行銷部、業務部

**團隊分工，全力以赴**

# MEMO

# 第69堂

# 挺過逆境，飛得更高

一　企業面對各項逆境

二　飛得更高

# 挺過逆境，飛得更高

## 一、企業面對各項逆境

企業經營，也經常會面對各項逆境，如下圖示：

圖69-1　企業面對各項逆境

| | | |
|---|---|---|
| 1. 全球疫情 | 2. 全球經濟不景氣 | 3. 外銷訂單大幅減少 |
| 4. 地緣政治或區域戰爭 | 5. 中美經濟、關稅對抗 | 6. 天災，使原物料歉收 |
| 7. 海外大客流失 | 8. 海外市場庫存仍太多 | 10. 科技變化，使既有產品被淘汰 |

## 二、飛得更高

如下圖示：

圖69-2　挺過逆境，飛得更高

1. 備好足夠財務子彈
2. 產品、客戶、技術轉型應變
3. 耐心等待，逆境終會過去
4. 全員為經濟復甦先做好各種準備
5. 快速抓住市場回復後的契機

# 第三篇
# 總結篇

总結 1

# 高績效主管養成的重點歸納（個人篇）

# 高績效主管養成的重點歸納（個人篇）

總結1　個人篇

→ 高績效主管養成的重點歸納（計18項）

| 1.自我終身學習 | 2.成長與進步 | 3.人脈存摺 |
|---|---|---|
| • 會議中學習<br>• 工作中學習<br>• 上課中學習<br>• 出國參訪學習 | • 要在各種學習中，不斷成長、成熟與進步 | • 要努力建立內外部豐沛的人脈存摺 |

| 4.挑戰心 | 5.團隊力量 | 6.指導部屬 |
|---|---|---|
| • 在工作中，要具有適度的挑戰心、創造心及創新性 | • 主管要發揮的是部門的團隊力量，而非個人英雄 | • 要鼓勵、指導每個部屬都能成長與進步 |

| 7.引進更優秀人才 | 8.求新、求變、求快、求更好 | 9.提升組織能力 |
|---|---|---|
| • 要有大胸襟，引進比主管自己更有能力的部屬 | • 在多變的外在環境中，要永遠記住九字訣：求新、求變、求快、求更好 | • 主管一定要提升整個部門的組織能力，而非一、二個人的能力 |

| 10.淘汰不良部屬 | 11.薪資、獎金的激勵 | 12.遠見與前瞻 |
|---|---|---|
| • 要整個部門組織能力強大起來，就要淘汰掉不良部屬 | • 對部屬的薪資、獎金必須具有激勵性，好人才才不會流失 | • 做主管的必須具有遠見與前瞻，並能超前布局 |

| 13.主動、積極性 | 14.公平、公正、無私、無我 | 15.常赴第一線 |
|---|---|---|
| • 做主管的，絕不能背動、消極，而是具備主動、積極性，勇於任事 | • 做主管的，務必做到公平、公正、無私、無我、無派系 | • 做主管的，不是出嘴巴而已，而是要親身參與，常赴第一線觀察 |

| 16.破舊框與改革 | 17.目標管理 | 18.對公司貢獻！ |
|---|---|---|
| • 要勇於打破、破舊框並勇於改革及革新 | • 要實踐目標管理，如期達成公司所訂目標 | • 做主管的，一定要有對公司貢獻的思維及行動 |

# 總結 2

# 高績效主管養成的重點歸納（公司篇）

# 高績效主管養成的重點歸納（公司篇）

**總結2　公司篇**
→ 高績效主管養成的重點歸納（計8項）

**1.良好制度**

- 公司要建立良好的、可行的、有效的、不斷修正的制度、規章、辦法及SOP

**2.企業文化**

- 公司要形成無派系鬥爭、無爭權奪利、無不團結、能重視誠信的好的企業文化

**3.獎勵**

- 公司對員工的薪資、獎金、福利、晉升要足夠好，人才留得下來

**4.用人唯才**

- 堅持用人唯才、用人唯德的要求

**5.接班人制度**

- 公司應建立各部門一級主管的接班人制度

**6.策略、方向正確**

- 公司高階所下的策略及方向均要正確無誤

**7.願景**

- 公司應建立長期願景目標，讓全體員工去追求此目標

**8.最高領導人**

- 公司最高領導人必須有遠見及前瞻力！

國家圖書館出版品預行編目資料

超圖解高績效主管養成術 ： 關鍵69堂課/戴國良著. -- 一版. -- 臺北市 ： 五南圖書出版股份有限公司, 2025.02
面 ； 公分
ISBN 978-626-423-068-1(平裝)
1.CST: 管理者 2.CST: 企業經營
3.CST: 企業管理 4.CST: 職場成功法
494.2 113019961

1FAW

# 超圖解高績效主管養成術：關鍵69堂課

作　　者 — 戴國良
編輯主編 — 侯家嵐
責任編輯 — 侯家嵐
文字編輯 — 陳威儒
封面完稿 — 封怡彤
排版設計 — 張巧儒
出 版 者 — 五南圖書出版股份有限公司
發 行 人 — 楊榮川
總 經 理 — 楊士清
總 編 輯 — 楊秀麗
地　　址：106台北市大安區和平東路二段339號4樓
電　　話：（02）2705-5066
傳　　真：（02）2706-6100
網　　址：https://www.wunan.com.tw
電子郵件：wunan@wunan.com.tw
劃撥帳號：01068953
戶　　名：五南圖書出版股份有限公司
法律顧問：林勝安律師
出版日期：2025年2月初版一刷
定　　價：新臺幣360元